国家出版基金项目
绿色制造丛书
组织单位 | 中国机械工程学会

国家出版基金项目
NATIONAL PUBLICATION FOUNDATION

微量润滑加工
基础理论、技术与应用

袁松梅

[德] 迪尔克·比尔曼 （Dirk Biermann）

[英] 达农·李南梅特·巴塔克 （D. L. Batako）   著

朱光远   严鲁涛

机械工业出版社
CHINA MACHINE PRESS

作为一种新型绿色切削方法，微量润滑技术具有环境友好、经济节约和高质高效等特点。本书围绕我国构建绿色制造体系、实施绿色制造战略的需要，较系统地介绍了微量润滑技术的内涵及意义、微量润滑技术基础理论、微量润滑技术应用基础、复合微量润滑技术和微量润滑系统及其应用。

本书主要面向从事绿色制造，尤其是微量润滑技术研究应用的高等院校、科研院所和企业相关人员。

图书在版编目（CIP）数据

微量润滑加工基础理论、技术与应用/袁松梅等著 . —北京：机械工业出版社，2022.6
（绿色制造丛书）
国家出版基金项目
ISBN 978-7-111-70664-9

Ⅰ.①微… Ⅱ.①袁… Ⅲ.①润滑-应用-金属切削-研究
Ⅳ.①TH117.2

中国版本图书馆 CIP 数据核字（2022）第 073548 号

机械工业出版社（北京市百万庄大街 22 号 邮政编码 100037）
策划编辑：郑小光 责任编辑：郑小光 章承林 戴 琳
责任校对：潘 蕊 王明欣 责任印制：李 娜
北京宝昌彩色印刷有限公司印刷
2022 年 6 月第 1 版第 1 次印刷
169mm×239mm · 14.5 印张 · 257 千字
标准书号：ISBN 978-7-111-70664-9
定 价：72.00 元

电话服务 网络服务
客服电话：010- 88361066 机 工 官 网：www.cmpbook.com
010- 88379833 机 工 官 博：weibo.com/cmp1952
010- 68326294 金 书 网：www.golden-book.com
封底无防伪标均为盗版 机工教育服务网：www.cmpedu.com

"绿色制造丛书" 编撰委员会

主 任
宋天虎　中国机械工程学会
刘　飞　重庆大学

副主任（排名不分先后）
陈学东　中国工程院院士，中国机械工业集团有限公司
单忠德　中国工程院院士，南京航空航天大学
李　奇　机械工业信息研究院，机械工业出版社
陈超志　中国机械工程学会
曹华军　重庆大学

委 员（排名不分先后）
李培根　中国工程院院士，华中科技大学
徐滨士　中国工程院院士，中国人民解放军陆军装甲兵学院
卢秉恒　中国工程院院士，西安交通大学
王玉明　中国工程院院士，清华大学
黄庆学　中国工程院院士，太原理工大学
段广洪　清华大学
刘光复　合肥工业大学
陆大明　中国机械工程学会
方　杰　中国机械工业联合会绿色制造分会
郭　锐　机械工业信息研究院，机械工业出版社
徐格宁　太原科技大学
向　东　北京科技大学
石　勇　机械工业信息研究院，机械工业出版社
王兆华　北京理工大学
左晓卫　中国机械工程学会
朱　胜　再制造技术国家重点实验室
刘志峰　合肥工业大学
朱庆华　上海交通大学

张洪潮　大连理工大学

李方义　山东大学

刘红旗　中机生产力促进中心

李聪波　重庆大学

邱　城　中机生产力促进中心

何　彦　重庆大学

宋守许　合肥工业大学

张超勇　华中科技大学

陈　铭　上海交通大学

姜　涛　工业和信息化部电子第五研究所

姚建华　浙江工业大学

袁松梅　北京航空航天大学

夏绪辉　武汉科技大学

顾新建　浙江大学

黄海鸿　合肥工业大学

符永高　中国电器科学研究院股份有限公司

范志超　合肥通用机械研究院有限公司

张　华　武汉科技大学

张钦红　上海交通大学

江志刚　武汉科技大学

李　涛　大连理工大学

王　蕾　武汉科技大学

邓业林　苏州大学

姚巨坤　再制造技术国家重点实验室

王禹林　南京理工大学

李洪丞　重庆邮电大学

"绿色制造丛书" 编撰委员会办公室

主　任

刘成忠　陈超志

成　员（排名不分先后）

王淑芹　曹　军　孙　翠　郑小光　罗晓琪　李　娜　罗丹青　张　强　赵范心

李　楠　郭英玲　权淑静　钟永刚　张　辉　金　程

制造是改善人类生活质量的重要途径，制造也创造了人类灿烂的物质文明。

也许在远古时代，人类从工具的制作中体会到生存的不易，生命和生活似乎注定就是要和劳作联系在一起的。工具的制作大概真正开启了人类的文明。但即便在农业时代，古代先贤也认识到在某些情况下要慎用工具，如孟子言："数罟不入洿池，鱼鳖不可胜食也；斧斤以时入山林，材木不可胜用也。"可是，我们没能记住古训，直到 20 世纪后期我国乱砍滥伐的现象比较突出。

到工业时代，制造所产生的丰富物质使人们感受到的更多是愉悦，似乎自然界的一切都可以为人的目的服务。恩格斯告诫过：我们统治自然界，决不像征服者统治异民族一样，决不像站在自然以外的人一样，相反地，我们同我们的肉、血和头脑一起都是属于自然界，存在于自然界的；我们对自然界的整个统治，仅是我们胜于其他一切生物，能够认识和正确运用自然规律而已（《劳动在从猿到人转变过程中的作用》）。遗憾的是，很长时期内我们并没有听从恩格斯的告诫，却陶醉在"人定胜天"的臆想中。

信息时代乃至即将进入的数字智能时代，人们惊叹欣喜，日益增长的自动化、数字化以及智能化将人从本是其生命动力的劳作中逐步解放出来。可是蓦然回首，倏地发现环境退化、气候变化又大大降低了我们不得不依存的自然生态系统的承载力。

不得不承认，人类显然是对地球生态破坏力最大的物种。好在人类毕竟是理性的物种，诚如海德格尔所言：我们就是除了其他可能的存在方式以外还能够对存在发问的存在者。人类存在的本性是要考虑"去存在"，要面向未来的存在。人类必须对自己未来的存在方式、自己依赖的存在环境发问！

1987 年，以挪威首相布伦特兰夫人为主席的联合国世界环境与发展委员会发表报告《我们共同的未来》，将可持续发展定义为：既满足当代人的需要，又不对后代人满足其需要的能力构成危害的发展。1991 年，由世界自然保护联盟、联合国环境规划署和世界自然基金会出版的《保护地球——可持续生存战略》一书，将可持续发展定义为：在不超出支持它的生态系统承载能力的情况下改善人类的生活质量。很容易看出，可持续发展的理念之要在于环境保护、人的生存和发展。

世界各国正逐步形成应对气候变化的国际共识，绿色低碳转型成为各国实现可持续发展的必由之路。

中国面临的可持续发展的压力尤甚。经过数十年来的发展，2020年我国制造业增加值突破26万亿元，约占国民生产总值的26%，已连续多年成为世界第一制造大国。但我国制造业资源消耗大、污染排放量高的局面并未发生根本性改变。2020年我国碳排放总量惊人，约占全球总碳排放量30%，已经接近排名第2~5位的美国、印度、俄罗斯、日本4个国家的总和。

工业中最重要的部分是制造，而制造施加于自然之上的压力似乎在接近临界点。那么，为了可持续发展，难道舍弃先进的制造？非也！想想庄子笔下的圃畦丈人，宁愿抱瓮舀水，也不愿意使用桔槔那种杠杆装置来灌溉。他曾教训子贡："有机械者必有机事，有机事者必有机心。机心存于胸中，则纯白不备；纯白不备，则神生不定；神生不定者，道之所不载也。"（《庄子·外篇·天地》）单纯守纯朴而弃先进技术，显然不是当代人应守之道。怀旧在现代世界中没有存在价值，只能被当作追逐幻境。

既要保护环境，又要先进的制造，从而维系人类的可持续发展。这才是制造之道！绿色制造之理念如是。

在应对国际金融危机和气候变化的背景下，世界各国无论是发达国家还是新型经济体，都把发展绿色制造作为赢得未来产业竞争的关键领域，纷纷出台国家战略和计划，强化实施手段。欧盟的"未来十年能源绿色战略"、美国的"先进制造伙伴计划2.0"、日本的"绿色发展战略总体规划"、韩国的"低碳绿色增长基本法"、印度的"气候变化国家行动计划"等，都将绿色制造列为国家的发展战略，计划实施绿色发展，打造绿色制造竞争力。我国也高度重视绿色制造，《中国制造2025》中将绿色制造列为五大工程之一。中国承诺在2030年前实现碳达峰，2060年前实现碳中和，国家战略将进一步推动绿色制造科技创新和产业绿色转型发展。

为了助力我国制造业绿色低碳转型升级，推动我国新一代绿色制造技术发展，解决我国长久以来对绿色制造科技创新成果及产业应用总结、凝练和推广不足的问题，中国机械工程学会和机械工业出版社组织国内知名院士和专家编写了"绿色制造丛书"。我很荣幸为本丛书作序，更乐意向广大读者推荐这套丛书。

编委会遴选了国内从事绿色制造研究的权威科研单位、学术带头人及其团队参与编著工作。丛书包含了作者们对绿色制造前沿探索的思考与体会，以及对绿色制造技术创新实践与应用的经验总结，非常具有前沿性、前瞻性和实用性，值得一读。

丛书的作者们不仅是中国制造领域中对人类未来存在方式、人类可持续发展的发问者，更是先行者。希望中国制造业的管理者和技术人员跟随他们的足迹，通过阅读丛书，深入推进绿色制造！

华中科技大学　李培根
2021 年 9 月 9 日于武汉

丛书序二

在全球碳排放量激增、气候加速变暖的背景下，资源与环境问题成为人类面临的共同挑战，可持续发展日益成为全球共识。发展绿色经济、抢占未来全球竞争的制高点，通过技术创新、制度创新促进产业结构调整，降低能耗物耗、减少环境压力、促进经济绿色发展，已成为国家重要战略。我国明确将绿色制造列为《中国制造2025》五大工程之一，制造业的"绿色特性"对整个国民经济的可持续发展具有重大意义。

随着科技的发展和人们对绿色制造研究的深入，绿色制造的内涵不断丰富，绿色制造是一种综合考虑环境影响和资源消耗的现代制造业可持续发展模式，涉及整个制造业，涵盖产品整个生命周期，是制造、环境、资源三大领域的交叉与集成，正成为全球新一轮工业革命和科技竞争的重要新兴领域。

在绿色制造技术研究与应用方面，围绕量大面广的汽车、工程机械、机床、家电产品、石化装备、大型矿山机械、大型流体机械、船用柴油机等领域，重点开展绿色设计、绿色生产工艺、高耗能产品节能技术、工业废弃物回收拆解与资源化等共性关键技术研究，开发出成套工艺装备以及相关试验平台，制定了一批绿色制造国家和行业技术标准，开展了行业与区域示范应用。

在绿色产业推进方面，开发绿色产品，推行生态设计，提升产品节能环保低碳水平，引导绿色生产和绿色消费。建设绿色工厂，实现厂房集约化、原料无害化、生产洁净化、废物资源化、能源低碳化。打造绿色供应链，建立以资源节约、环境友好为导向的采购、生产、营销、回收及物流体系，落实生产者责任延伸制度。壮大绿色企业，引导企业实施绿色战略、绿色标准、绿色管理和绿色生产。强化绿色监管，健全节能环保法规、标准体系，加强节能环保监察，推行企业社会责任报告制度。制定绿色产品、绿色工厂、绿色园区标准，构建企业绿色发展标准体系，开展绿色评价。一批重要企业实施了绿色制造系统集成项目，以绿色产品、绿色工厂、绿色园区、绿色供应链为代表的绿色制造工业体系基本建立。我国在绿色制造基础与共性技术研究、离散制造业传统工艺绿色生产技术、流程工业新型绿色制造工艺技术与设备、典型机电产品节能减排技术、退役机电产品拆解与再制造技术等方面取得了较好的成果。

但是作为制造大国，我国仍未摆脱高投入、高消耗、高排放的发展方式，资源能源消耗和污染排放与国际先进水平仍存在差距，制造业绿色发展的目标尚未完成，社会技术创新仍以政府投入主导为主；人们虽然就绿色制造理念形成共识，但绿色制造技术创新与我国制造业绿色发展战略需求还有很大差距，一些亟待解决的主要问题依然突出。绿色制造基础理论研究仍主要以跟踪为主，原创性的基础研究仍较少；在先进绿色新工艺、新材料研究方面部分研究领域有一定进展，但颠覆性和引领性绿色制造技术创新不足；绿色制造的相关产业还处于孕育和初期发展阶段。制造业绿色发展仍然任重道远。

本丛书面向构建未来经济竞争优势，进一步阐述了深化绿色制造前沿技术研究，全面推动绿色制造基础理论、共性关键技术与智能制造、大数据等技术深度融合，构建我国绿色制造先发优势，培育持续创新能力。加强基础原材料的绿色制备和加工技术研究，推动实现功能材料特性的调控与设计和绿色制造工艺，大幅度地提高资源生产率水平，提高关键基础件的寿命、高分子材料回收利用率以及可再生材料利用率。加强基础制造工艺和过程绿色化技术研究，形成一批高效、节能、环保和可循环的新型制造工艺，降低生产过程的资源能源消耗强度，加速主要污染排放总量与经济增长脱钩。加强机械制造系统能量效率研究，攻克离散制造系统的能量效率建模、产品能耗预测、能量效率精细评价、产品能耗定额的科学制定以及高能效多目标优化等关键技术问题，在机械制造系统能量效率研究方面率先取得突破，实现国际领先。开展以提高装备运行能效为目标的大数据支撑设计平台，基于环境的材料数据库、工业装备与过程匹配自适应设计技术、工业性试验技术与验证技术研究，夯实绿色制造技术发展基础。

在服务当前产业动力转换方面，持续深入细致地开展基础制造工艺和过程的绿色优化技术、绿色产品技术、再制造关键技术和资源化技术核心研究，研究开发一批经济性好的绿色制造技术，服务经济建设主战场，为绿色发展做出应有的贡献。开展铸造、锻压、焊接、表面处理、切削等基础制造工艺和生产过程绿色优化技术研究，大幅降低能耗、物耗和污染物排放水平，为实现绿色生产方式提供技术支撑。开展在役再设计再制造技术关键技术研究，掌握重大装备与生产过程匹配的核心技术，提高其健康、能效和智能化水平，降低生产过程的资源能源消耗强度，助推传统制造业转型升级。积极发展绿色产品技术，研究开发轻量化、低功耗、易回收等技术工艺，研究开发高效能电机、锅炉、内燃机及电器等终端用能产品，研究开发绿色电子信息产品，引导绿色消费。开展新型过程绿色化技术研究，全面推进钢铁、化工、建材、轻工、印染等行业绿色制造流程技术创新，新型化工过程强化技术节能环保集成优化技术创新。开展再制造与资源化技术研究，研究开发新一代再制造技术与装备，深入推进废旧汽车（含新能源汽车）零部件和退役机电产品回收逆向物流系统、拆解/破碎/分离、高附加值资源化等关键技术与装备研究并应用示范，实现机电、汽车等产品的可拆卸和易回收。研究开发钢铁、冶金、石化、轻工等制造流程副产品绿色协同处理与循环利用技术，提高流程制造资源高效利用绿色产业链技术创新能力。

在培育绿色新兴产业过程中，加强绿色制造基础共性技术研究，提升绿色制造科技创新与保障能力，培育形成新的经济增长点。持续开展绿色设计、产品全生命周期评价方法与工具的研究开发，加强绿色制造标准法规和合格评判程序与范式研究，针对不同行业形成方法体系。建设绿色数据中心、绿色基站、绿色制造技术服务平台，建立健全绿色制造技术创新服务体系。探索绿色材料制备技术，培育形成新的经济增长点。开展战略新兴产业市场需求的绿色评价研究，积极引领新兴产业高起点绿色发展，大力促进新材料、新能源、高端装备、生物产业绿色低碳发展。推动绿色制造技术与信息的深度融合，积极发展绿色车间、绿色工厂系统、绿色制造技术服务业。

非常高兴为本丛书作序。我们既面临赶超跨越的难得历史机遇，也面临差距拉大的严峻挑战，唯有勇立世界技术创新潮头，才能赢得发展主动权，为人类文明进步做出更大贡献。相信这套丛书的出版能够推动我国绿色科技创新，实现绿色产业引领式发展。绿色制造从概念提出至今，取得了长足进步，希望未来有更多青年人才积极参与到国家制造业绿色发展与转型中，推动国家绿色制造产业发展，实现制造强国战略。

中国机械工业集团有限公司　陈学东

2021 年 7 月 5 日于北京

丛书序三

　　绿色制造是绿色科技创新与制造业转型发展深度融合而形成的新技术、新产业、新业态、新模式，是绿色发展理念在制造业的具体体现，是全球新一轮工业革命和科技竞争的重要新兴领域。

　　我国自20世纪90年代正式提出绿色制造以来，科学技术部、工业和信息化部、国家自然科学基金委员会等在"十一五""十二五""十三五"期间先后对绿色制造给予了大力支持，绿色制造已经成为我国制造业科技创新的一面重要旗帜。多年来我国在绿色制造模式、绿色制造共性基础理论与技术、绿色设计、绿色制造工艺与装备、绿色工厂和绿色再制造等关键技术方面形成了大量优秀的科技创新成果，建立了一批绿色制造科技创新研发机构，培育了一批绿色制造创新企业，推动了全国绿色产品、绿色工厂、绿色示范园区的蓬勃发展。

　　为促进我国绿色制造科技创新发展，加快我国制造企业绿色转型及绿色产业进步，中国机械工程学会和机械工业出版社联合中国机械工程学会环境保护与绿色制造技术分会、中国机械工业联合会绿色制造分会，组织高校、科研院所及企业共同策划了"绿色制造丛书"。

　　丛书成立了包括李培根院士、徐滨士院士、卢秉恒院士、王玉明院士、黄庆学院士等50多位顶级专家在内的编委会团队，他们确定选题方向，规划丛书内容，审核学术质量，为丛书的高水平出版发挥了重要作用。作者团队由国内绿色制造重要创导者与开拓者刘飞教授牵头，陈学东院士、单忠德院士等100余位专家学者参与编写，涉及20多家科研单位。

　　丛书共计32册，分三大部分：① 总论，1册；② 绿色制造专题技术系列，25册，包括绿色制造基础共性技术、绿色设计理论与方法、绿色制造工艺与装备、绿色供应链管理、绿色再制造工程5大专题技术；③ 绿色制造典型行业系列，6册，涉及压力容器行业、电子电器行业、汽车行业、机床行业、工程机械行业、冶金设备行业等6大典型行业应用案例。

　　丛书获得了2020年度国家出版基金项目资助。

　　丛书系统总结了"十一五""十二五""十三五"期间，绿色制造关键技术与装备、国家绿色制造科技重点专项等重大项目取得的基础理论、关键技术和装备成果，凝结了广大绿色制造科技创新研究人员的心血，也包含了作者对绿色制造前沿探索的思考与体会，为我国绿色制造发展提供了一套具有前瞻性、系统性、实用性、引领性的高品质专著。丛书可为广大高等院校师生、科研院所研发人员以及企业工程技术人员提供参考，对加快绿色制造创新科技在制造业中的推广、应用，促进制造业绿色、高质量发展具有重要意义。

当前我国提出了 2030 年前碳排放达峰目标以及 2060 年前实现碳中和的目标，绿色制造是实现碳达峰和碳中和的重要抓手，可以驱动我国制造产业升级、工艺装备升级、重大技术革新等。因此，丛书的出版非常及时。

绿色制造是一个需要持续实现的目标。相信未来在绿色制造领域我国会形成更多具有颠覆性、突破性、全球引领性的科技创新成果，丛书也将持续更新，不断完善，及时为产业绿色发展建言献策，为实现我国制造强国目标贡献力量。

中国机械工程学会　宋天虎
2021 年 6 月 23 日于北京

制造业是国民经济的支柱产业，其发展程度体现了一个国家的生产力水平。切削加工作为机械制造过程中最主要的加工方法，在机械制造工艺中占有重要地位。要想获得较好的切削过程，关键要素之一是要减小摩擦。传统切削加工大量使用切削液，以起到减小摩擦、降低切削力和切削热等作用，但其使用也带来了环境污染、危害操作者健康和增加制造成本等诸多问题。因此，近年来各国相继制定出更加严格的工业排放标准。在可持续发展的大环境下，必须发展绿色加工技术，以实现制造业高质、高效、绿色、低成本发展。

作为绿色加工的冷却润滑方法之一，微量润滑技术日益受到科学界和产业界的广泛重视。该技术由德国学者在 1997 年提出。不同于传统浇注式切削液供给方式，微量润滑技术是将压缩气体与极微量的绿色润滑剂混合汽化，形成微米级的液滴，喷射到加工区进行精准润滑的一种新型冷却润滑方式。该技术在满足制造企业生产需求的同时，可大大减小或消除切削液的负面影响。近年来，微量润滑技术已广泛应用于航空航天、汽车等制造行业，但其基础理论和应用技术研究仍然不能满足产业界的需求，在切削机理、工艺优化等方面还存在不足，迫切需要相关基础理论和技术为其工程化应用提供科学指导。

有鉴于此，在多年研究和应用微量润滑技术的基础上，著者启动对该微量润滑技术著作的撰写工作。目的在于抛砖引玉，引起科学界和产业界对该技术的重视，以微薄之力，推动我国切削加工绿色发展进程。

本书在广泛调研国内外最新文献的基础上，主要内容来源于北京航空航天大学绿色制造课题组近年来在微量润滑技术方面所开展的基础理论和应用技术研究成果，涵盖了严鲁涛、朱光远、刘思、侯学博、孔晓瑶、刘晓旭、刘伟东、陈博川、王莉、韩文亮等研究生在微量润滑技术方面的研究成果；其中第 5 章微量润滑技术在钻削和磨削加工中的应用两部分，特别邀请了在该领域取得重要成果的两位国外教授：德国多特蒙德工业大学 Dirk Biermann 教授和英国利物浦约翰摩尔斯大学的 D. L. Batako 教授分别撰写，并由陈博川、王莉、侯学博进行翻译。

本书的整理和校对由朱光远、孔晓瑶、侯学博、张文杰、王立宇、陈博川、王莉、冯巧生、唐志祥、宋衡等完成。

本书总体思路如下：

第 1 章，简述微量润滑技术的产生背景，给出微量润滑技术的定义，进一步对外部、内部微量润滑技术进行介绍，阐述了微量润滑技术的应用现状和未来发展趋势。

第 2 章，介绍了微量润滑技术理论基础，主要包括雾粒渗透特性、雾化及传输特性以及吸附特性。

第 3 章，介绍了微量润滑技术应用基础，包括润滑剂的选择、空气流量、润滑剂用量、喷嘴方位等参数对切削效果的影响，为微量润滑技术工程应用提供了理论指导。

第 4 章，详细介绍了几种常用的复合微量润滑技术：低温微量润滑技术、纳米颗粒增强微量润滑技术以及其他复合微量润滑技术，如油膜附水滴技术、超临界 CO_2 增效技术、超声微量润滑切削技术等。

第 5 章，介绍了常用的微量润滑系统及微量润滑技术在铣削、钻削、磨削中的应用。

本书有关研究工作得到国家科技支撑计划课题、国家自然科学基金、"高档数控机床与基础制造装备"国家科技重大专项资助，在此一并表示感谢。

同时，本书在写作过程中参考了有关文献（都已尽可能地列在了各章参考文献中），在此向所有被引用文献的作者表示衷心的感谢。

此外，多年来本课题组的研究工作得到众多专家、同行的支持和帮助，在此一并表示衷心感谢。特别感谢在本书撰写中，单忠德院士、刘志峰教授、杨毅青副教授、高瀚君博士等提出的建议。

由于微量润滑技术是一个正在发展的综合性交叉学科应用技术，本书涉及面广，加之作者水平有限，书中不妥之处在所难免，敬请广大读者批评指正。

作　者

2021 年 12 月

目录 CONTENTS

第 1 章

——

概　　述

近年来，绿色制造已成为切削加工发展的重要主题之一。传统浇注式润滑切削中大量使用切削液，对环境、操作者的健康都造成了严重危害，不可避免地增加了废液治理成本，从而导致制造业成本显著增加，干式切削和准干式切削技术应时而生。其中，微量润滑技术因其良好的冷却润滑作用，成为切削加工领域内的研究热点。

1.1 微量润滑技术的产生背景

金属切削过程中所消耗的功，主要用来克服刀具-工件材料和刀具-切屑之间的摩擦及金属的变形。为获得理想的切削过程，关键要素之一是减小摩擦。切削液早在 19 世纪中叶就被应用于切削加工过程中，切削液的使用可以降低切削温度及切削力，延长刀具使用寿命，提高生产率和工件表面质量。传统切削液的使用方式为大量浇注形式，其用量为每分钟几十升。切削液的冲刷作用可以减小摩擦、带走部分切削热量，并利于切屑的排出。此外，油基切削液还具有防止机床部件生锈的作用。

然而，随着工件材料性能的提升和现代切削技术的发展，切削液的用量越来越大，其负面影响已不容忽视。主要有以下几个方面。

1）大量使用切削液增加了制造成本。在欧洲汽车制造业，切削液相关费用占总制造成本的 7%~17%，其中包括购买切削液的费用、设备维护费及废液处理费用等。相比之下，刀具相关费用仅占总制造成本的 2%~4%。切削液相关费用如图 1-1 所示。

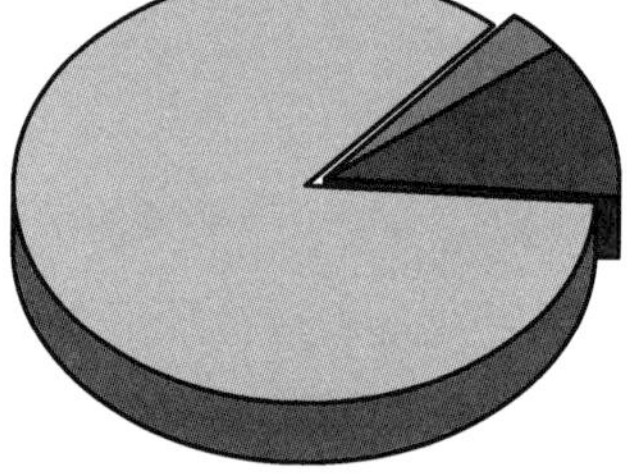

2）切削液中含有矿物油及硫、磷、氯等对环境有害的添加剂，若排放前未经处理或处理不当，则会对环境造成污染。

3）切削液受热挥发，在车间内形成烟雾，操作者接触或吸入后会诱发多种皮肤病、呼吸道疾病和肺部疾病等，对健康造成严重威胁。

■ 刀具相关费用 2%~4%
■ 切削液相关费用 7%~17%
□ 其他费用 79%~91%

图 1-1 切削液相关费用

4）使用切削液限制了加工过程在线监控技术的实施及应用。

世界各国对环境保护问题的重视和可持续发展意识逐步提高，针对制造企业排污问题颁布了多项法律、法规和工业标准。切削液在设计、生产、使用、回收、排放等全生命周期内受到更多的监管和限制。使用传统工艺越来越难以保证企业在市场中的竞争力，这就迫使企业必须探索新的绿色切削技术，改善生产条件，降低生产成本，满足环保需求，创造安全、清洁、高效的生产环境。

在绿色切削技术发展过程中，因完全干式切削（Dry Machining，DM）技术对刀具、机床、工艺的要求极高，大范围推广受限，准干式切削（Near-Dry Machining）技术便应运而生。其中，最具代表性的微量润滑（Minimum Quantity Lubrication，MQL）技术是制造企业实现节能减排的一种有效手段，并日益受到科学界和产业界的广泛重视。微量润滑技术也称为最小量润滑技术，根据已发表的英文文献得知，该技术最早可见于德国斯图加特大学的两位学者 Uwe Heisel 和 Marcel Lutz 在 1993 年发表的关于切削液的研究论文中。

1.2　微量润滑技术的定义

微量润滑技术是用于切削加工的一种绿色高效冷却润滑方式。它是将压缩空气与极少量的绿色切削液混合汽化后，形成微米级气雾，喷向切削区，对刀具与切屑和刀具与工件的接触界面进行润滑，以减小摩擦和黏结，可以显著改善切削加工冷却润滑条件，提高加工质量。

由于 MQL 技术改变了切削液的供给方式，其具有诸多特点：

1）MQL 技术所使用的切削液用量一般为每小时几十毫升，仅为传统浇注式冷却润滑方式的万分之一。

2）MQL 技术要求使用的切削液具有绿色环保特性，在提高工效的同时又可降低对环境造成的污染。

3）MQL 切削液以高速雾粒供给，增加了切削液的渗透性，提高了冷却润滑效果。

4）MQL 技术可以根据工况确定切削液的最佳用量，同时可利用雾粒回收装置收集悬浮颗粒，减少进而消除切削液中悬浮粒子污染，改善工作环境。

1.3　微量润滑技术的应用范围

国内外已有大量的研究证明微量润滑技术的优越性，该技术在绝大多数切削工况中可完全替代传统浇注方式，并在难加工材料的切削加工中表现出优势。从工艺上，微量润滑技术可应用于车削、铣削、钻削、攻螺纹、磨削、锯削等绝大部分传统加工工艺。面向不同的加工工艺，微量润滑技术充分考虑系统集成方案，如管路布置、喷嘴固定等，防止发生加工干涉问题，并根据材料及工件结构特点合理选择切削加工参数、切削液等。微量润滑技术可适用的材料也较广泛，包括铝合金、铸铁、合金钢等典型金属材料，钛合金、高温合金、不锈钢、高强钢等难加工材料，甚至复合材料等，如图 1-2 所示。

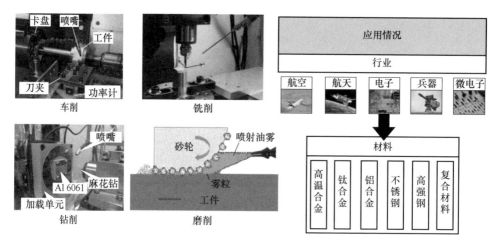

图 1-2　微量润滑技术应用范围

1.4　微量润滑技术的应用现状和发展趋势

废弃切削液的排放是制造业对环境的主要污染源之一。我国是制造业大国，四十多年经济高速发展的"奇迹"，与制造业的蓬勃发展紧密相关。然而，我国制造业的发展方式仍以粗放式为主，随着劳动力红利的下降，资源的过度消耗引起了一系列环境问题。在全球可持续发展的大环境下，环保要求给制造企业带来的运营压力日益增加。制造业的绿色可持续发展不仅影响国民生计的方方面面，更直接关系到企业自身存亡。要想改变制造企业低效、高污染的传统工艺，实现工艺绿色化改造，提高制造企业核心竞争力，必须在关键环节上引入绿色、高效、低成本的制造工艺，创造安全、清洁的生产环境。

作为一种典型的绿色切削方法，微量润滑技术切削液用量极低，在切削性能上可达到甚至超过传统浇注式，具有广阔的发展前景。在可持续发展要求不断提高、法律法规不断完善的现状下，国内厂商对少、无切削液冷却润滑技术需求迫切，同时国外制造业在微量润滑技术的应用上已取得相当的规模。在我国大规模推广应用微量润滑技术，实现传统工艺绿色化发展已迫在眉睫，微量润滑技术即将进入崭新的发展阶段。在 MQL 技术应用方面，国外起步较早且应用甚广。德国的 Zimmermann 公司、DST 公司、LICON 公司、HAMUEL 公司、vhf camfacture AG 公司和美国的 MAG 公司已销售带有 MQL 功能的机床；各大汽车厂已将 MQL 技术用于汽车动力系统零件、气缸孔和变速器等关键零部件的加工中。在国内，MQL 技术目前更多应用在航空航天领域的难加工材料中，以提高加工质量及效率。国内外学者在 MQL 切削加工工艺方面进行了大量试验研究，针对传统车削、铣削、钻削和磨削工艺实施绿色化改造，面向钛合金、高温合金、不锈钢、铝合金、合金钢等典型材料，甚至碳纤维增强复合材料，以切削力、表面完整性、刀具磨损、切屑形态等为指标，优化了 MQL 工艺参数，在试验条件下 MQL 技术达到甚至超过了传统方法的切削性能。

为了推动微量润滑技术的进一步产业应用，还需开展如下工作：

1）开发高稳定性、高集成度、智能化微量润滑装置。

2）研制微量润滑专用刀具和切削液。

3）深入探究技术机理，并开展考虑工件结构特征、材料特性、切削液类型、机床结构、工艺参数等因素在内的微量润滑工艺适配性和工艺参数优化研究，实现微量润滑切削加工工艺的集成应用。

4）建立清洁切削的综合评价体系和微量润滑切削加工技术标准。

1.5　微量润滑技术的实施方式

按照切削液送至切削区域的路径不同，现有的微量润滑技术包括外部微量润滑技术和内部微量润滑技术两种方式。外部微量润滑技术是指切削液从刀具外部进入切削区，内部微量润滑技术是指切削液通过主轴和刀具内部进入切削区。两种微量润滑技术实施方式均要求车间内可提供一定压力的洁净干燥气源，特殊情况下需要对机床进行适当改造，以满足管路布置、排屑、防护、粉尘收集等功能的要求。

1.5.1　外部微量润滑技术

1. 外部微量润滑技术简介

外部微量润滑技术将切削液送入高压喷射系统并与气体混合雾化，然后通过一个或多个喷嘴将微米级的雾粒喷射到切削区域，对刀具进行冷却和润滑。外部微量润滑系统一般由空气压缩机、液压泵、控制阀、喷嘴及管路附件组成，集成后的系统成本低廉，质量小，便于安装。

Hadad 等进行了不同冷却润滑条件（干式、浇注式、前刀面外部 MQL、后刀面外部 MQL 以及前后刀面外部 MQL）下车削 AISI 1040 钢的试验。结果表明：前后刀面外部 MQL 情况下刀具-切屑界面温度比干式车削时低 350℃，前刀面外部 MQL 情况下切削温度比干式车削时低约 200℃；在浇注式车削中，刀具-切屑界面温度比干式车削时低约 300℃。Wu 等采用外部微量润滑加工淬硬模具钢，分析其切削力、刀具磨损、切屑以及润滑机理。结果表明：当微量润滑雾粒分别作用在前刀面、后刀面和同时作用在前、后刀面时，铣削力和刀具磨损值依次降低；当前刀面润滑较好时，切屑的曲率半径也减小。因此最佳 MQL 作用方法为前、后刀面同时作用。它能有效降低切削接触应力和单位切削能量，明显减少黏附和切屑等产生的磨损现象。Setti 等进行了纳米 Al_2O_3 外部微量润滑和纳米 CuO 外部微量润滑磨削加工 Ti-6Al-4V 试验，并使用表面轮廓仪、扫描电子显微镜（SEM）、能量色散 X 射线光谱（EDS）和立体变焦显微镜（SZM）研究了表面完整性、砂轮的形态以及切屑形态。结果表明：纳米流体的应用可以降低切向力和磨削区温度，从短的 C 形切屑形成还可以看出纳米流体的冷却效果；Al_2O_3 纳米流体的 MQL 应用有助于从研磨区冲洗切屑，解决了 Ti-6Al-4V 研磨过程中的主要问题。

外部微量润滑加工时，由于喷嘴的方位对润滑效果影响显著，需要确定喷嘴的最佳位置及喷射角度，为使润滑充分并不造成浪费，喷嘴应尽量接近切削区域，此时易发生干涉，尤其是在加工深窄槽、框、腔结构时，外部微量润滑喷嘴容易与刀具或工件发生干涉，影响换刀进程，阻碍生产自动化的实施。因此，对于上述特殊加工，外部微量润滑的冷却润滑效果不佳。这种情况下，可以采用内部微量润滑系统，或者设计专用的复合微量润滑系统。

此外，外部微量润滑系统产生的雾粒质量小，容易四处飞散，须采用相应的防护措施，如雾粒回收装置等。

▶▶ 2. 外部微量润滑系统实施方式

以铣削加工中心为例，外部微量润滑系统整体布局如图 1-3 所示。小型 MQL 系统通常可通过强磁铁吸附或螺栓固定等方式，安装在机床内外合适位置，大型 MQL 系统则可通过管路接至工作区域，同时采用现场气源提供经过干燥过滤的空气。为了控制切削区温度，尤其是应用在难加工材料的切削加工中，须额外配置低温系统，放置在机床附近合适位置。从 MQL 系统和低温冷风系统分别产生的 MQL 雾粒和冷风，通过分流腔分为两路，由喷嘴喷射向切削区。分流腔可以安装在主轴箱一侧。需要注意的是，冷风在传输中，传输管路须根据工况考虑安装真空管或采用其他保温措施。

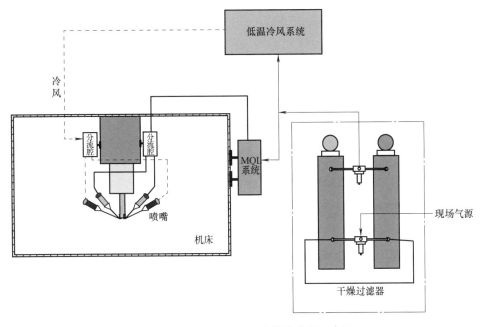

图 1-3　外部微量润滑系统整体布局示意图

对于采用涡流管等原理设计的小型低温微量润滑系统，可通过强磁铁等方式直接吸附在主轴箱外，如图 1-4 所示。从气源经干燥过滤的压缩空气可用三通管进行分流，分别供给 MQL 系统和小型低温冷风系统。小型低温微量润滑系统应用现场如图 1-5 所示。

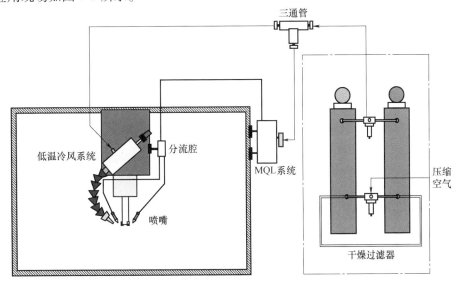

图 1-4　小型低温微量润滑系统示意图

对于采用低温 CO_2、半导体或其他制冷方式的大中型低温系统，则根据具体实施类型和机床结构采用相应的连接方式。

1.5.2 内部微量润滑技术

1. 内部微量润滑技术简介

内部微量润滑技术是指通过主轴或刀具内部的通道直接将冷却雾粒送至切削区域，进行冷却和润滑。内部微量润滑系统供给的切削液可以直接到达加工区域，润滑充分，一般来说，效果会好于外部微量润滑，尤其是对深槽、腔加工效果更为明显。

图 1-5　小型低温微量润滑系统
应用现场

Tasdelen 等使用内部微量润滑技术钻削沉淀硬化不锈钢，并与传统浇注切削液的方式进行了对比。结果表明，内部微量润滑切削延长了刀具寿命，提高了已加工孔的表面质量。此外，仅使用压缩气体而未使用切削液时，黏结现象严重，已加工表面质量较差。Obikawa 在车刀内部设置了润滑孔道，并运用流体仿真的方法优化了孔道出口的位置以及切削液的最佳用量。结果表明，缩短孔道出口与刀尖的距离可以有效提高传输至切削区的切削液流量；雾粒与空气流的相对移动距离随其直径的二次方增加，当雾粒直径过小时，润滑效果并不明显。

然而，内部微量润滑技术也存在以下缺点：

1）内部微量润滑技术使机床主轴和刀具系统的结构变得复杂，中空的结构可能影响整台机床的工作性能。

2）当主轴转速过高时受离心力作用影响，切削液易黏附在主轴和工具的内孔壁上，不易到达切削区。

3）加工过程中切屑易堵塞喷口，严重影响润滑效果。

因此，内部微量润滑系统须重点考虑雾粒的生成，要求生成的雾粒直径适当，以避免惯性及离心力的影响，使雾粒保持悬浮状态，从而顺利通过内部通道。

2. 内部微量润滑系统实施方式

与外部微量润滑系统实施相似，在实施内部微量润滑系统时，小型 MQL

系统同样可通过强磁铁吸附或螺栓固定等方式安装在机床内外部合适位置，大中型 MQL 系统可安放于机床外合适位置。具有内冷通道主轴的机床的内部微量润滑系统示意图如图 1-6 所示，通过 MQL 系统产生的切削液雾粒直接传输到主轴内冷通道，经过具有内冷通道的刀柄，最终从刀具内冷通道出口喷射至切削区。

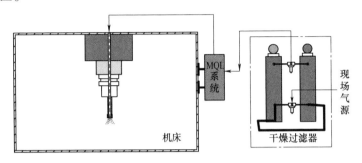

图 1-6　具有内冷通道主轴的机床的内部微量润滑系统示意图

而对于更多数量的传统机床，本身不具有主轴内冷通道结构，除采用外部微量润滑方式外，还可通过选用外转内冷刀柄（图 1-7）、内冷车刀（图 1-8）或外转内冷接柄（图 1-9），以实现内部微量润滑功能，如图 1-10 所示。

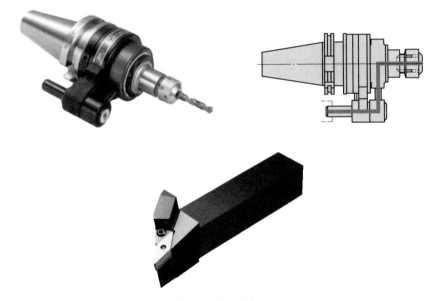

图 1-7　外转内冷刀柄

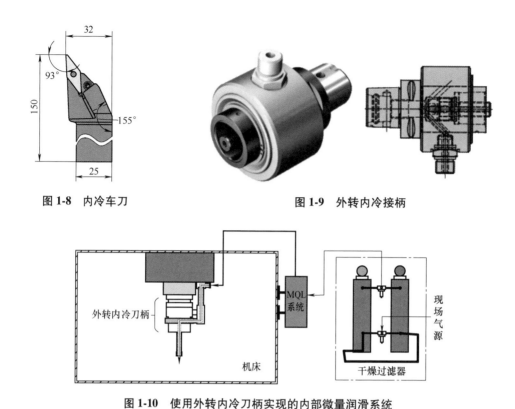

图1-8　内冷车刀　　　　　　　　　　图1-9　外转内冷接柄

图1-10　使用外转内冷刀柄实现的内部微量润滑系统

需要注意的是，若需布置低温装置，低温介质可通过外部喷射或从内部通道直接传输，但须考虑低温对主轴精度的影响。

参 考 文 献

［1］单忠德，胡世辉. 机械制造传统工艺绿色化 ［M］. 北京：机械工业出版社，2013.

［2］刘志峰，张崇高，任家隆. 干切削加工技术及应用 ［M］. 北京：机械工业出版社，2005.

［3］陈日曜. 金属切削原理 ［M］. 北京：机械工业出版社，1992.

［4］CASSIN C，BOOTHROYD G. Lubrication action of cutting fluids ［J］. Journal of Mechanical Engineering Science，1965，7 （1）：67-81.

［5］SHAW M C，PIGGTT J D，RICHARDSON L P. Effect of cutting fluid upon chip-tool interface temperature ［J］. Trans. ASME，1951，71 （2）：45-56.

［6］SREEJITH P S，NGOI B K A. Dry machining：Machining of the future ［J］. Journal of Materials Processing Technology，2000，101 （1-3）：287-291.

［7］路冬，李剑峰，李方义，等. 绿色切削加工技术的研究现状与进展 ［J］. 工具技术，2005，39 （3）：3-6.

[8] KLOCKE F, EISENBLÄTTER G. Dry cutting [J]. CIRP Annals, 1997, 46 (2): 519-526.

[9] HEISEL U, LUTZ M. Investigation of cooling and lubricating liquids [J]. Production Engineering, 1993, 1 (1): 23-26.

[10] JU C. Development of particulate imaging systems and their application in the study of cutting fluid mist formation and minimum quantity lubrication [D]. Houghton: Michigan Technological University, 2005.

[11] HEINEMANN R, HINDUJA S, BARROW G, et al. Effect of MQL on the tool life of small twist drills in deep-hole drilling [J]. International Journal of Machine Tools and Manufacture, 2006, 46 (1): 1-6.

[12] ZEILMANN R P, WEINGAERTNER W L. Analysis of temperature during drilling of Ti6Al4V with minimal quantity of lubricant [J]. Journal of Materials Processing Technology, 2006, 179 (1-3): 124-127.

[13] HADAD M, SADEGHI B. Minimum quantity lubrication-MQL turning of AISI 4140 steel alloy [J]. Journal of Cleaner Production, 2013, 54: 332-343.

[14] WU S, LIAO H, LI S, et al. High-speed milling of hardened mold steel P20 with minimum quantity lubrication [J]. International Journal of Precision Engineering and Manufacturing-Green Technology, 2021, 8 (5): 1551-1569.

[15] SETTI D, SINHA M K, GHOSH S, et al. Performance evaluation of Ti-6Al-4V grinding using chip formation and coefficient of friction under the influence of nanofluids [J]. International Journal of Machine Tools and Manufacture, 2015, 88: 237-248.

[16] ATTANASIO A, GELFI M, GIARDINI C, et al. Minimal quantity lubrication in turning: Effect on tool wear [J]. Wear, 2006, 260 (3): 333-338.

[17] TASDELEN B, WIKBLOM T, EKERED S. Studies on minimum quantity lubrication (MQL) and air cooling at drilling [J]. Journal of Materials Processing Technology, 2008, 200 (1-3): 339-346.

[18] OBIKAWA T, ASANO Y, KAMATA Y. Computer fluid dynamics analysis for efficient spraying of oil mist in finish-turning of Inconel 718 [J]. International Journal of Machine Tools and Manufacture, 2009, 49 (12/13): 971-978.

第 2 章

——

微量润滑技术基础理论

微量润滑技术在应用过程中需要的切削液用量很小，仅为 mL/h 量级，与传统浇注式润滑相比，切削液用量为其数万分之一。该技术充分利用切削液的润滑特性改善切削区摩擦状况，降低切削力，并延长刀具使用寿命。科学界和产业界所关心的问题在于：微量润滑技术高效的切削液供给能力背后的真正原因。目前，已有一些理论和试验揭示了微量润滑技术共性加工机理，包括雾粒渗透特性、雾化特性、传输特性以及吸附特性。这些理论研究用于指导工艺参数优化和装置研制，可进一步揭示切削液的雾粒特性和理化特性对加工性能的影响。

2.1 微量润滑技术雾粒渗透特性

2.1.1 微量润滑切削界面渗透机理

围绕微量润滑渗透机理的研究，主要基于两种切削界面单个毛细管假设模型展开：英国学者 Williams 等在 1977 年提出的长方体毛细管几何假设模型（图 2-1a），以及俄罗斯学者 Godlevski 等于 1997 年提出的圆柱体毛细管几何假设模型（图 2-1b），其毛细管截面尺寸均为微米级。切削界面毛细管的存在，为切削液的渗透提供了空间。随着切削过程中刀具-切屑间相对运动的不断进行，切屑从产生到与刀具表面分离，这一过程使得切削界面单个毛细管均有一定的存在时间。考虑到切削液的渗透过程，切削液具有有效润滑作用的必要条件为切削液流体渗透毛细管的时间小于毛细管存在时间。传统浇注式切削中，切削液以连续流体形式供给，由于液体表面张力和沿程阻力等因素的影响，其在微尺度切削界面毛细管中的渗透，存在渗透极限长度；而微量润滑技术以微米级雾粒形式供给切削液，润滑雾粒尺寸小、速度快，可在压力差和初始喷射速度的作用下实现对切削界面毛细管的充分、快速填充，形成有效的边界润滑油膜。由于微量润滑条件下，切削液供给形式发生变化，MQL 雾粒在切削界面的摩擦学特性直接影响其润滑效果。相关研究表明，MQL 雾粒具有极强的渗透和吸附能力，可在切削界面产生有效润滑油膜，因而降低了摩擦系数、刀具磨损和表面粗糙度值。

2.1.2 真空毛细管的形成

切削区接触面包括刀具-切屑接触面及刀具-工件接触面，如图 2-2 所示。在靠近刀尖的位置，切削区温度很高，使切屑底层材料软化，并黏嵌在刀面上，同时压应力和切应力较大，如图 2-2 所示的黏结区 *OA* 段。该区域刀具与切屑（刀具-工件）紧密接触，切削液及其他形式的润滑剂很难渗入，称为重载区。

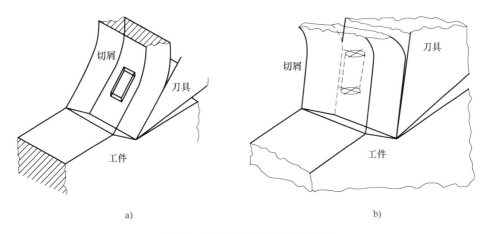

图 2-1 切削界面毛细管假设模型

a）长方体毛细管假设模型 b）圆柱体毛细管假设模型

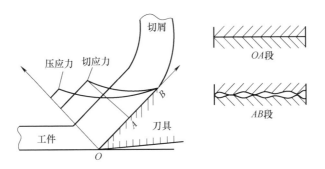

图 2-2 刀具-切屑界面摩擦分布

随着远离刀尖，切屑与刀具（刀具-工件）间的压应力减小，切屑和前刀面（工件和后刀面）之间只是凸出的金属峰点接触，如图 2-2 所示的 AB 段（峰点型接触），此区域称为轻载区。轻载区为切削液的渗透提供了空间，当切屑与刀具高速相对运动时，接触面内的硬质点会在"抽-拉"作用下形成微小的真空毛细管。

切削过程中毛细管的形成过程如图 2-3 所示。切削接触面摩擦剧烈，由于金属的材料分布不是绝对均匀的，局部会出现小的硬质点，由于挤压作用，硬质点被嵌在切屑内部（图 2-3a）；随刀具-切屑相对运动，硬质点会使切屑接触面上形成空隙（图 2-3b）；硬质点在摩擦力作用下逐渐磨损直至被切屑带走，毛细管形成（图 2-3c）。从整个形成过程来看，毛细管内部为真空，当其一端与大气相通时外界流体在压力作用下迅速填充（图 2-3d）。

由以上分析过程可知，毛细管具有以下特性：

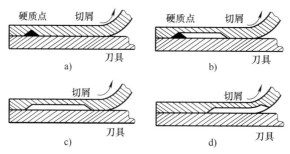

图 2-3 切削过程中毛细管的形成过程

1）毛细管内部为真空。

2）毛细管长度与硬质点所能承受磨损的能力有关。

3）毛细管存在时间有限，切削液的渗入时间须小于毛细管存在的时间。

4）硬质点不一定在刀具上，当切削较硬材料时，也可能出现在切屑中，此时毛细管将大量出现在刀具表面。

5）润滑作用对刀具磨损的抑制作用表现在：刀具表面质量较高时，刀具-切屑摩擦程度低，界面间毛细管相对量较少，切削液需求量小；刀面质量下降时，硬质点会随之增多，毛细管的量也增多，切削液更容易进入接触面，减小摩擦力，更利于抑制刀具磨损。

图 2-4 所示为显微镜下观察到的已加工表面及切屑表面的毛细管分布。由此

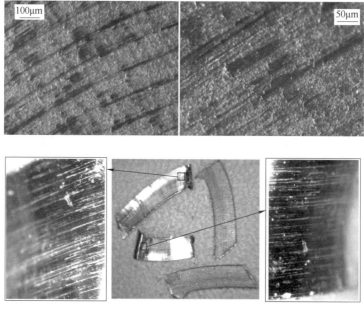

图 2-4 已加工表面及切屑表面的毛细管分布

可见，毛细管的长度及直径受工件材料的影响，并无特定规律可遵循。毛细管直径为几微米到几十微米。

▶ 2.1.3　不同形式润滑剂的渗透特性

既然切削区内存在真空毛细管，那么润滑剂也可以进入切削区毛细管内部实现润滑作用，本小节通过对比不同形式润滑剂流体（连续流体、雾粒形式）在毛细管内的渗透特性，阐明微量润滑形式润滑剂供给方式的优势。

▶ 1. 传统切削加工大量浇注切削液的渗透特性

传统加工使用切削液时，以浇注式供给，切削液为连续性流体，此时流体的渗透情况如图 2-5 所示。

由于流体在毛细管内的渗透速度低，雷诺数值小，可视为层流运动。流体在毛细管内的流动必须考虑尺度效应的影响，

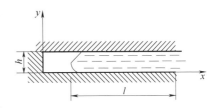

图 2-5　浇注式切削液的渗入

阻力须考虑流体表面张力、微流体表面与金属面间的摩擦力及沿程阻力，驱动力为大气压强。假设毛细管为圆柱体，对渗入毛细管内的流体末端微元做受力分析，计算得到以浇注式供给切削液的极限渗透长度 l：

$$l = \frac{p_0 d_p^2 + 4\sigma d_p}{32\mu_{lt} v_m} \tag{2-1}$$

式中，p_0 为大气压强（Pa）；d_p 为毛细管直径（μm）；σ 为流体表面张力（N/m）；μ_{lt} 为流体动力黏度（Pa·s）；v_m 为流体平均流速（m/s）。

其中，v_m 须高于刀具-切屑的分离速度，但受到毛细管内摩擦力的影响。不同的液体及金属接触时，接触角度不同，产生的表面现象也不同。若接触角为锐角，流体润湿金属，表面张力取正值；若接触角为钝角，表面张力取负值。毛细管内的流体，在微尺度效应、接触区域温度、金属的表面极性等因素影响下，其动力黏度、阻力类型会有所变化。

以水为例（忽略温度对参数造成的影响）：取 $p_0 = 1.01 \times 10^5 \text{Pa}$，$d_p = 20 \mu m$，$\sigma = 0.0728 \text{N/m}$，$\mu_{lt} = 1.12 \times 10^{-3} \text{Pa·s}$，$v_m = 100 \text{m/s}$。可计算得到水的渗入距离约为 12.8 μm。由此，当毛细管长度大于切削液的渗入距离时，就会出现毛细管内部分未被填充，润滑不够充分。此外，这一模型也解释了不同切削液类型对切削性能影响存在差异性的原因。

▶ 2. MQL 加工中润滑剂的渗透

微量润滑系统将润滑油雾化为极微小的油粒，若此油粒的直径小于毛细管直径，则可在大气压力及初始速度的作用下迅速抵达并填充毛细管内部，如图 2-6 所示。需要注意的是，雾粒的直径不能太小：首先，直径过小的雾粒更易于飘散在空气中，造成资源浪费；其次，颗粒物的直径越小，进入呼吸道的部位越深。10μm 直径的颗粒物通常沉积在上呼吸道，5μm 直径的可进入呼吸道的深部，2μm 以下直径的可 100% 深入到细支气管和肺泡。经观测，切屑表面的毛细管直径为 5~20μm。当然，随着刀具磨损的增加及切削环境的恶化，毛细管的直径会有所变化。因此，微量润滑系统雾化的油雾粒径虽要求小直径，但需要考虑对环境及操作者健康的影响。

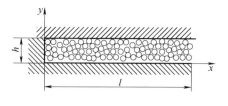

图 2-6　微小粒子的渗透

研究发现，喷嘴方位、供气压力、润滑剂用量等参数对微量润滑渗透特性影响较大。现有研究多采用有限元仿真分析结合切削试验的方法，优化 MQL 系统参数，延长雾粒渗透距离，缩短渗透时间，保证润滑剂的渗透性能。

目前，针对 MQL 雾粒渗透特性的研究较少。在喷嘴方位方面，Tawakoli 等证明喷嘴方位是 MQL 磨削工艺中雾粒有效渗透的关键因素之一。当喷射方向与工件表面呈 10°~20°时，MQL 雾粒可有效渗入砂轮周边的边界层，以实现对磨削区的润滑。

在工艺参数方面，Liu 等通过切削试验研究了不同 MQL 参数（空气压力、润滑剂用量和喷嘴方位）对端铣钛合金切削性能的影响。结果表明，MQL 雾粒的渗透特性与 MQL 参数相关，并对铣削力和铣削温度有显著影响。

Pei 和 Zheng 等通过 CFD（计算流体动力学）技术对 MQL 流场的仿真分析发现，在后刀面和工件之间存在有利于润滑剂雾粒渗透的负压区，雾粒可在压差的作用下迅速渗透切削区。

在 MQL 渗透特性及其评价方面，研究多通过切削试验结果，间接说明渗透效果的优劣，并结合 CFD 仿真分析方法，初步建立了 MQL 雾粒渗透性能与 MQL 工艺参数之间的关系。

由以上分析，流体形式的切削液渗透距离受诸多因素的影响，而微量润滑切削时，雾粒可有效渗透至切削区域。

为了探究微量润滑雾粒渗透毛细结构的过程和渗透效果，著者搭建了雾粒渗透界面的原理性模拟平台，如图 2-7 所示。目标渗透界面为线性阵列直沟槽表

面结构与透明有机玻璃板紧密贴合所形成的毛细管界面。为保证微量润滑雾粒
渗透概率相等，不同尺寸的沟槽数量由横截面总长相等原则确定，即较小尺寸
的沟槽应在同等范围内布置更多，而较大尺寸的沟槽数量应相应减少。由于在
钛合金 TC4 销轴上表面的沟槽总加工范围为 4.2mm，因此对于横截面尺寸为
$50\mu m \times 50\mu m$、$100\mu m \times 100\mu m$、$150\mu m \times 150\mu m$ 的沟槽，分别以 $90\mu m$、$180\mu m$、
$270\mu m$ 间距布置 30、15、10 个沟槽。所有沟槽以销轴上表面中心为基准均匀分
布，如图 2-8 所示。

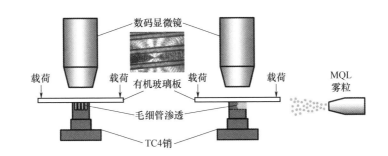

图 2-7　渗透界面的原理性模拟平台示意图

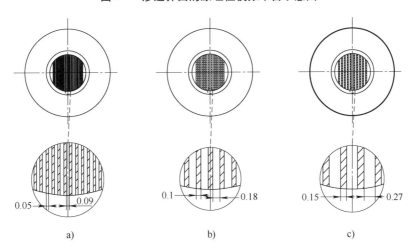

图 2-8　不同尺寸沟槽结构的 TC4 销轴俯视图

a）$50\mu m \times 30$　b）$100\mu m \times 15$　c）$150\mu m \times 10$

　　雾粒渗透观测效果如图 2-9~图 2-11 所示。在有机玻璃板上发现液滴的时间
和位置表明液滴具有在该时间渗透至该位置的能力。由于雾粒的渗透能力有限，
在连续喷射的作用下，雾粒也会积累在毛细管的入口处。渗透介质将会迅速从
离散相液滴转变为连续流体。

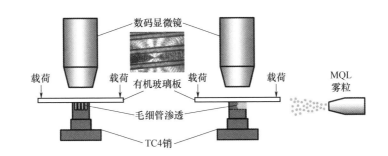

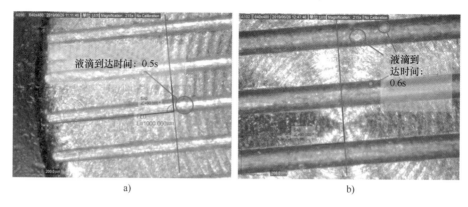

图 2-9 典型液滴观测结果

a）首个到达 1mm 标记处的液滴（毛细管尺寸：100μm，空气流量：90L/min）

b）首个到达中心标记处的液滴（毛细管尺寸：150μm，空气流量：90L/min）

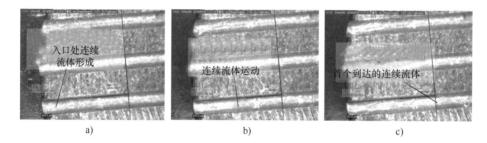

图 2-10 入口到 1mm 标记处的连续流体运动过程（毛细管尺寸 150μm，空气流量 90L/min）

a）0.1s b）0.4s c）0.7s

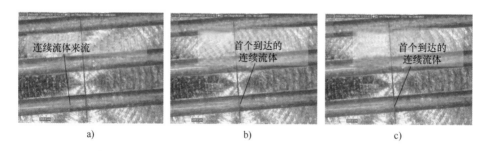

图 2-11 入口到中心标记处的连续流体运动过程（毛细管尺寸 150μm，空气流量 120L/min）

a）1.0s b）1.1s c）1.4s

基于上述观测结果，发现渗透时间的长短可用于评价雾粒渗透性能。因此，记录了距入口 1mm 标记处液滴开始渗透时间和中心标记处液滴渗透时间，分别如图 2-12 和图 2-13 所示。

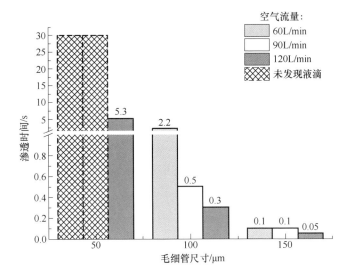

图 2-12　距入口 1mm 标记处液滴渗透结果

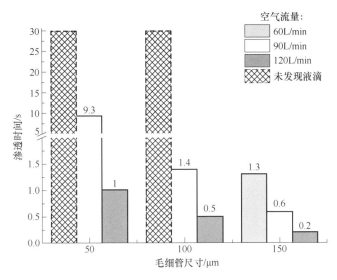

图 2-13　中心标记处液滴渗透结果

　　分析可知，当空气流量从 60L/min 增加到 90L/min 时，雾粒粒径显著减小且速度增加，产生的小液滴在高速气流带动下更容易渗透界面毛细结构，并在较短时间内形成连续流体充分渗透填充界面毛细管，因此 60～90L/min 的渗透时间降低幅度较大。而当空气流量从 90L/min 增加到 120L/min 时，渗透过程中仅增加了雾粒速度，雾粒粒径几乎无变化，因此雾粒渗透时间降低程度减小，同时也说明进一步增加空气流量对渗透性能提升有限。在连续流体的形成和渗透过程中仅提高了气流速度，因此连续流体渗透时间降低程度也减小。

而对于毛细管中心位置的渗透情况，由于渗透距离较长，使得其他影响因素的作用凸显出来，如界面力学、尺度效应和表面粗糙度等。这些因素使得 MQL 雾粒向中心标记处的渗透情况并未呈现出距入口 1mm 标记处规律性的时间降低比例关系。但总体上具有较小的 SMD（Sauter 平均直径）、较高的空气流量和较大的毛细管尺寸更有利于雾粒的渗透和连续流体的形成和传输。

此外，通过 CFD 仿真和切削试验对渗透观测试验结果进行了验证。CFD 仿真采用 COMSOL Multiphysics 仿真软件，利用"湍流，k-ε"和"流体流动颗粒跟踪"物理场接口，首先求解背景流场，再基于流场的解对雾粒渗透过程进行了瞬态研究。为了简化仿真模型并节约计算成本，在 CFD 仿真研究中的主要假设包括：①将三维观测试验设置简化为二维几何模型；②仿真研究中释放的雾粒粒径均为相应射流条件下的 SMD 值，而不是其粒径分布；③忽略液滴间的相互作用，如碰撞和聚集等。仿真研究中选择 50μm 毛细管尺寸，空气流量分别为 60L/min、90L/min 和 120L/min，并将释放液滴粒径设置为相应空气流量下的 SMD 值。由图 2-14 可知，50μm 毛细管的雾粒渗透性能较差。大多数液滴黏附在毛细管入口处，只有少部分液滴可以通过整个毛细管。然而，随着空气流量的增加，可通过毛细管的液滴增多，并且渗透时间更短。当液滴的粒径从 60L/min 条件下的 6.71μm 降低到 90L/min 条件下的 3.33μm 时，相应的渗透时间从 0.05925s 降低到 0.05620s（液滴在 0.05s 释放），渗透时间减少了 32.97%。而当液滴粒径为 120L/min 条件下的 3.31μm 时，渗透时间为 0.05445s，与 90L/min 条件相比，渗透时间减少了 28.23%，降低比例小于从 60L/min 到 90L/min。同时，由于 120L/min 空气流量下并未使更多的液滴通过毛细管，因此与 90L/min 流量相比，提高空气流量至 120L/min 未产生更佳的渗透效果。需要注意的是，由于仿真研究中所做的假设和模型的简化，仿真和观测试验结果存在偏差。仿真研究中液滴粒径恒定，且忽略了液滴间相互作用的影响，可能导致液滴粒径、运动特性和运动轨迹的变化。尽管如此，仿真研究结果表现出的渗透时间变化总趋势与渗透观测试验相同，因此 CFD 仿真研究是一种可行的定性分析方法。

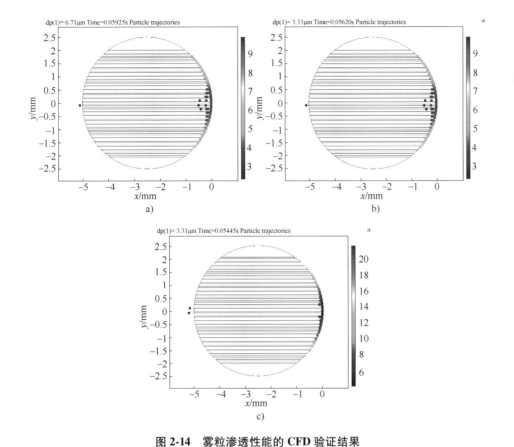

图 2-14　雾粒渗透性能的 CFD 验证结果

a）空气流量 60L/min，粒径 6.71μm　b）空气流量 90L/min，粒径 3.33μm

c）空气流量 120L/min，粒径 3.31μm

2.2　微量润滑雾粒雾化及传输特性

微量润滑技术利用压缩空气将润滑剂雾化成微小的颗粒，再由喷嘴将雾粒喷至切削区进行冷却润滑。润滑剂的雾化特性对 MQL 润滑剂的有效渗透具有重要的影响，从而影响 MQL 技术的润滑性能和切削性能。润滑剂雾化特性包括雾粒的直径、一致性、浓度、喷出速度等，其受空气压力、润滑剂用量、润滑剂理化特性、喷嘴雾化方式、喷嘴方位、刀具及工件材料等多方面因素的影响，即雾化特性是多种因素综合作用的结果。本节所述的润滑剂传输特性仅指内部微量润滑通道的雾粒传输行为，主要包括雾粒尺寸、速度和体积流量等。

微量润滑雾化特性的复杂性及其影响因素的综合性决定了无法对其做出普

适性的结论。近年来，学者们分别在特定条件下对其雾化特性进行了研究。

2.2.1 MQL 液滴尺寸计算

目前针对 MQL 单个液滴尺寸计算的研究，通常是在理论分析和试验的基础上，建立相应的单个液滴尺寸数学模型或经验公式，实现对液滴尺寸的参数化控制。

Park 等在 MQL 液滴尺寸计算及分布方面进行了系统研究。研究中将共聚焦激光扫描显微方法（Confocal Laser Scanning Microscopy，CLSM）和基于小波变换的图像处理技术相结合，以描述 MQL 雾粒喷射至抛光硅片的液滴直径和液滴分布，提出了基于 CLSM 数据采集和小波分析的液滴尺寸计算通用方法，并给出了液滴体积计算公式，即

$$V_{\text{droplet}} = \sum \Delta V_{i,j} = \sum_{i=1}^{M} \sum_{j=1}^{N} \Delta x \Delta y \ (h_{i,j} - h_{\text{zero}}) \tag{2-2}$$

式中，$\Delta V_{i,j}$ 是点 $P_{i,j}$（x_i，y_j，$z_{i,j}$）处的液滴离散体积；$h_{i,j}$ 是点 $P_{i,j}$ 处液滴的表面高度；h_{zero} 代表液滴边缘的高度。同时，在空气中散布的球形液滴直径 D_{eq} 可被定义为

$$D_{\text{eq}} = 2 \left(\frac{3V_{\text{droplet}}}{4\pi} \right)^{1/3} \tag{2-3}$$

以第 3 级小波分解得到的近似液滴表面为例（图 2-15a），由式（2-2）可得其液滴体积为 $2.1084 \times 10^{-4} \, \text{mm}^3$。不同级数的估算液滴体积和等效半径如图 2-15b、c所示。液滴表面轮廓在第 8 级完全消失。

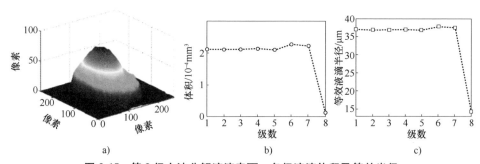

图 2-15　第 3 级小波分解液滴表面、各级液滴体积及等效半径

a）最终液滴表面　b）估算液滴体积　c）等效半径

另外，针对平均直径 $D_{\text{av}} < 100\,\mu\text{m}$ 的小液滴，由于其很难被捕捉到，Park 给出一种估算方法：利用上述液滴体积的通用计算方法结合式（2-3），可获得液滴的 3D 直径。图 2-16a、c 所示是不同液滴直径的 2D 图像，图 2-16b、d 所示是

相应由小波变换估算出的液滴体积。利用插值法获得的 2D 和 3D 液滴直径之间关系的经验公式为

$$D_{3D} = 0.0012D_{2D}^2 + 0.1997D_{2D} - 0.0987 \qquad (2\text{-}4)$$

式中，D_{2D} 是硅片上液滴的 2D 直径；D_{3D} 是环境中飞散液滴的直径。

但该经验公式只在本试验条件下成立，对于其他润滑剂和表面结合情况，需要进一步验证和研究。

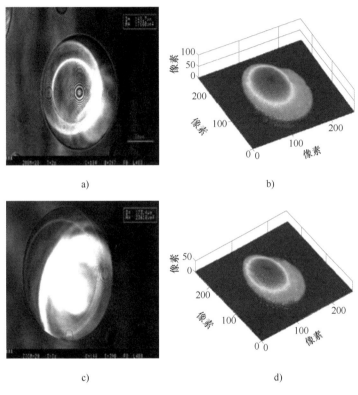

图 2-16　液滴体积与等效 2D 液滴直径

a）2D 直径（149.7μm）　　b）液滴体积（9.2337×10⁻⁵mm³）

c）2D 直径（173.4μm）　　d）液滴体积（1.8273×10⁻⁴mm³）

Park 等针对单个液滴分布特性与 MQL 参数之间的问题，采用边缘检测算法（Edge Detection Algorithm，EDA），将得到的 2D 共聚焦激光扫描显微（CLSM）方法图像转换为点阵图进行分析。结果发现液滴覆盖面积随着喷嘴距离的增加而减小；在喷嘴距离为 30mm，空气压力为 12psi（1 psi＝6894.757Pa）时，获得了最大的液滴覆盖面积。在油量测量试验中，当喷嘴距离和空气压力增大时，平均流量减小。因此，要对切削区提供充分润滑，喷嘴距离要足够小，尤其在

需要较高空气压力工况下，喷嘴距离须小于50mm。

▶ 2.2.2 MQL 喷雾流场特性

MQL 喷雾流场特性的研究在于对流场特性进行统计学分析，流场特性主要包括润滑剂雾粒的尺寸分布、速度分布和浓度等。现有研究多在试验基础上建立边界条件，采用计算流体动力学（Computer Fluid Dynamics，CFD）软件进行仿真分析，获取流场特性的概率分布，建立喷雾流场特性与工艺参数的关系。

汤羽昌等基于雾化机理建立了 MQL 雾化模型，并针对商用微量润滑喷嘴结构建立仿真模型，采用 Fluent 软件对微量润滑剂的雾化过程进行数值模拟，研究供气压力对雾化效果的影响，进行试验验证。结果表明：油雾颗粒平均粒径随着供气压力的提高总体上呈现减小趋势，所建立的雾化模型与试验测试数据拟合性较好。

刘晓丽等基于光衍射原理，深入分析了 MQL 条件下的雾粒体积分布和雾化特性，揭示了 MQL 系统各参数对油雾颗粒体积分布的影响规律。结果表明：雾粒体积分数随润滑剂用量的增加先增大后减小；同时，在 MQL 条件下对环境空气质量进行了检测与分析，建立了雾粒指标 PM10 与 PM2.5 浓度的数学模型并结合试验验证。结果表明：雾粒浓度受温度的影响，低温可抑制小雾粒的产生；通过正交试验分析获得了影响雾粒浓度因素的主次顺序，影响从大到小依次为润滑剂用量、射流温度、供气压力、喷射距离。

Iskandar 等定义了 MQL 最佳喷雾应满足的条件：一致性好（无涡旋）、可产生较小尺寸的液滴、较高的轴向雾粒速度以及 MQL 喷雾与喷嘴轴线保持较好的同轴性和对称性。研究将 MQL 技术应用于碳纤维增强树脂基复合材料（Carbon Fiber Reinforced Plastic，CFRP）的铣削加工中，研究了 MQL 喷雾流场特性与 CFRP 切削性能之间的关系。结果表明：随着空气流量、润滑剂用量的增加，雾粒峰值速度增加且流速关于喷射轴线呈对称分布。当雾粒与喷嘴的距离增大时，雾粒间发生碰撞凝聚，使得雾粒轴向速度降低，并导致液滴的尺寸和数量增加。此外，随着雾粒与喷嘴距离的增大，雾粒峰值轴向速度将偏离轴线，速度分布不对称性加大，而当空气流量和润滑剂用量增加时，雾粒轴向速度分布将趋向关于轴线对称。为了形成一致性较好的喷射雾粒，Iskandar 等指出可通过增加空气流量以减少涡旋的产生，但增加润滑剂流量的效果却恰恰相反。因此，采用较高的空气流量和较低的润滑剂用量可实现更好的雾化并产生一致的喷雾效果。在该条件下可在喷射流场中提供更多小液滴和更高的喷射速度，以保证润滑剂的渗透性能。

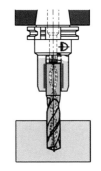

▶ 2.2.3 内部微量润滑雾粒传输特性

MQL 技术用于加工深窄槽、框、腔结构时，采用外部微量润滑技术容易产生喷嘴干涉现象，使得润滑雾粒很难进入加工区域，此时可使用内部微量润滑技术（图 2-17）。目前该技术在车削、切槽、钻削、铣削工艺上已得到应用。

在车削工艺中，带有内冷通道的刀具不产生旋转，其内部传输的 MQL 润滑介质较易控制。但对于旋转刀具（钻头、铣刀），从雾粒传输角度考虑，当主轴转速过高时受离心力作用影响，润滑剂易黏附在主轴和刀具的内孔壁上，不易到达切削区；如果喷出，也容易产生喷溅现象。因此，对于内部微量润滑雾粒传输特性的研究，将为内部微量润滑参数设置提供理论支持。

图 2-17　内部微量润滑技术示意图

内部微量润滑雾粒传输特性研究中，近年来比较有代表性的是 Duchosal 等进行的系列研究，通过建立 7 个内冷通道模型（图 2-18）来模拟实际切削刀具中内冷通道可能的结构型式和几何形状，并从静态的角度对铣刀内冷通道的雾粒特性进行了试验研究。

Duchosal 在其试验过程中分别使用了激光衍射粒度测定方法（Laser Diffraction Granulometry Method，LDGM）、粒子图像测速（Particle Image Velocimetry，PIV）法和称重法，以分别获得雾粒尺寸、速度和体积流量（润滑剂用量）。测试结果表明，雾粒尺寸主要受润滑剂黏度影响，随着黏度增加而减小；通道内压缩空气的存在将带来湍流现象，引起颗粒间以及颗粒与通道壁面的碰撞，润滑剂将沿着通道内壁融合积累并产生更大的雾粒颗粒，甚至在出口产生喷溅现象；雾粒出口速度受润滑剂类型影响较小，但在速度增加到最大值前却受到内冷通道几何形状的影响，这种现象对 2mm 通道尤为显著。

研究认为，影响润滑剂体积流量的主要因素包括雾粒参数、润滑剂类型、内冷通道几何形状。减小内冷通道横截面面积引起的湍流现象使得润滑剂流量减小。尽管低黏度的润滑剂易于破碎成液滴，但倾向于合并和凝聚。因此，低黏度润滑剂的用量较多且无规律性，尤其是在图 2-18 所示的 45° 和 90° 内冷通道模型中。但该研究并未考虑润滑剂雾粒在内冷通道中的传输特性，包括液滴沉降机理、喷溅问题等；在铣削、钻削等工艺中，液滴在内冷通道中的传输还将受到旋转离心力的影响。需要进一步形成科学的内冷通道设计方法以及工艺整体解决方案。

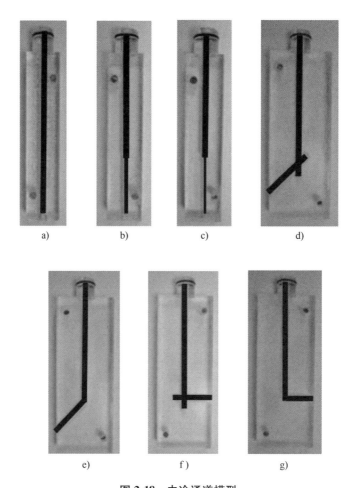

图 2-18　内冷通道模型

a）直通 6mm 管径　　b）直通 4mm 管径　　c）直通 2mm 管径　　d）6mm 管径 45°分岔

e）6mm 管径 45°　　f）6mm 管径 90°分岔　　g）6mm 管径 90°

2.3　微量润滑雾粒吸附特性

　　微量润滑技术将润滑雾粒喷射至切削区，如何使微量润滑雾粒有效进入切削区并滞留是微量润滑技术应用中的关键问题之一。旋转刀具或工件产生的旋转流场和喷雾流场相互作用，形成复合喷雾流场，使得雾粒的宏观渗透吸附过程较为复杂。针对外部微量润滑铣削工艺，著者基于液滴碰壁理论建立微量润滑雾粒吸附模型，确定雾粒吸附刀具表面的边界条件；采用 CFD 流场仿真方法，分析液滴在不同工艺参数下随复合流场的运动特性，确定微量润滑雾粒在复合喷雾流场作用下的刀具表面有效成膜关键条件。

第 **2** 章 微量润滑技术基础理论

▶▶ 2.3.1 雾粒吸附边界条件建立

在 MQL 喷雾中，润滑雾粒的运动主要受到流场中的曳力控制。因此，在 MQL 系统设置中，雾粒的冲击速度主要由空气流量和喷嘴距离决定。根据 Bai 和 Gosman 的研究，为了简化分析，需要做以下两个假设：

1）雾粒撞击刀具表面的温度低于切削液沸点。

2）忽略液滴间的碰撞和气体边界层对液滴碰壁动力学的影响。

在雾粒吸附边界条件的建立前，要给出必要的量纲一参数，包括液滴韦伯数、液滴拉普拉斯数。

液滴韦伯数（Weber number，We）：

$$We = \frac{\rho_d v_{1n}^2 d_d}{\sigma} \qquad (2\text{-}5)$$

式中，ρ_d 为液滴的流体密度（kg/m^3）；v_{1n} 为液滴的法向入射速度（m/s）；d_d 为液滴的直径（m）；σ 为表面张力（N/m）。液滴韦伯数表示了液滴惯性力与表面张力效应的比值。

液滴拉普拉斯数（Laplace number，La）：

$$La = \frac{\rho_d \sigma d_d}{\mu^2} \qquad (2\text{-}6)$$

式中，μ 为液滴的动力黏度（Pa·s）。液滴拉普拉斯数代表了流体表面张力与黏性力的比值。

随着液滴韦伯数的增加，液滴对于干燥壁面的碰壁机制将由黏附变为飞溅，如图 2-19 所示。由于铣削加工为断续切削过程，当刀具切出时，雾粒便有机会到达刀具表面，此时希望润滑雾粒可以吸附在刀具表面，为下一次切入提供有效润滑油膜。假设此时刀具切出时表面

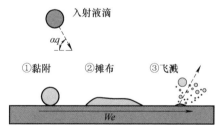

图 2-19 液滴碰壁机制随 We 的变化

为干燥状态，并将液滴碰壁的"黏附"和"摊布"统一为"吸附"机制，可由 Stow 和 Hadfield 的研究数据推导出基于临界韦伯数 We_c 的液滴吸附边界条件，即

$$We_c = A \cdot La^{-0.18} \qquad (2\text{-}7)$$

式中，A 为与表面粗糙度 Ra 值相关的系数。当液滴韦伯数小于临界韦伯数时（即 $We < We_c$），入射液滴可吸附在刀具表面上，因此有

$$v_{In} < v_{Inc} = \sqrt{\frac{\sigma A \cdot La^{-0.18}}{\rho_d d_d}} \qquad (2\text{-}8)$$

式中，v_{Inc} 为液滴的临界法向入射速度（m/s）。假设液滴与当地喷射流场具有相同的速度，则 v_{Inc} 主要取决于液滴在喷射流场中的位置坐标。v_{Inc} 随液滴直径的变化如图 2-20 所示。式（2-9）和式（2-11）给出了喷射流场速度分布的计算方法。

喷嘴射流轴线速度分布：

$$\frac{v_x}{v_0} = \frac{0.48}{\dfrac{x\tan\,(\theta_c/2)}{3.4d_0} + 0.147} \qquad (2\text{-}9)$$

式中，x 为距喷嘴出口的轴向距离（m）；θ_c 为喷嘴雾化角（°）；d_0 为喷嘴直径（m）；v_x 为坐标 x 点的速度（m/s）；v_0 为喷嘴出口处速度（m/s）。v_0 的计算公式为

$$v_0 = \frac{4Q}{\pi d_0^2} \qquad (2\text{-}10)$$

式中，Q 为空气流量（m³/s）。

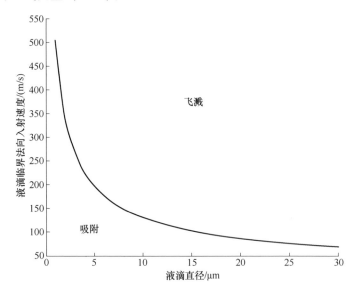

图 2-20　液滴的临界法向入射速度随液滴直径的变化

喷雾流场各截面上的速度分布计算方法如下：

$$\frac{v_y}{v_x} = \left[1 - \left(\frac{y}{R_m} \right)^{1.5} \right]^2 \qquad (2\text{-}11)$$

式中，y 为同一截面上距射流轴线的距离（m）；R_m 为同一截面的射流边界层厚度；v_y 为坐标 y 点的速度（m/s）。射流速度场示意图如图 2-21 所示。

由式（2-11）可以得到，在同一射流截面上，轴向速度 v_x 的值最大，说明如果射流轴线上的液滴满足条件能够吸附在刀具表面，在同一截面其他位置上的液滴也具有同样的能力。考虑到在微量润滑工程应用中，须设置喷嘴仰角 α 以避免切屑阻碍润滑雾粒进入切削区（图 2-22），因此 v_{In} 和 v_x 的关系为

$$v_x = v_{In}/\cos\alpha \tag{2-12}$$

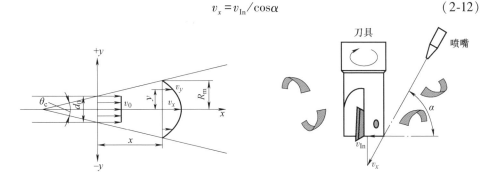

图 2-21　射流速度场示意图　　　　图 2-22　喷嘴仰角示意图

综合式（2-9）~ 式（2-12）可以推导出液滴吸附的临界喷嘴距离 x_c：

$$x_c = \frac{3.4d_0}{\tan(\theta_c/2)}\left(\frac{1.92Q\cos\alpha}{\pi d_0^2}\sqrt{\frac{\rho_d d_d}{\sigma A \cdot La^{-0.18}}} - 0.147\right) \tag{2-13}$$

由式（2-13）可以看出，影响临界喷嘴距离的主要因素包括喷嘴结构、喷射参数、刀具表面形貌和雾粒大小及其物理性质。对于同一个喷射系统来说，临界喷嘴距离是一个固定值。空气流量 Q 和液滴粒径 d_d 两个参数会根据应用需求发生变化。图 2-23 所示为临界喷嘴距离随空气流量和粒径的变化（其余相关参数见表 2-1）。

表 2-1　润滑液滴的性质

密　　度	动 力 黏 度	表 面 张 力	粒径（仿真）
890kg/m^3	$0.0934\text{Pa}\cdot\text{s}$	0.0306N/m	$15\mu\text{m}$

图 2-23 表明，临界喷嘴距离 x_c 随空气流量和粒径的增加而增加，当喷嘴距离设定大于其临界值时，液滴可吸附在刀具表面。但需要注意的是，x_c 存在极限值 x_{c0}，对于图 2-23 中的喷射系统，$x_{c0} = 19.16\text{mm}$，如图 2-23 中虚线所示。该值是使得 $v_x = v_0$ 时，由式（2-9）计算所得。同时，由式（2-8）可以发现，对于同种液体，当其液滴直径极小时，所得的液滴的临界法向入射速度 v_{Inc} 和相应的

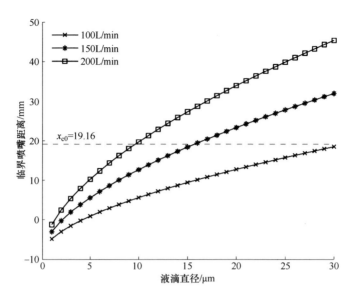

图 2-23 临界喷嘴距离随空气流量和粒径的变化

v_{xc}（$v_{xc} = v_{\text{Inc}}/\cos\alpha$）的值将非常大。当 v_{xc} 超过喷嘴出口速度 v_0（由喷射空气流量 Q 决定）时，液滴将无法达到其临界法向入射速度 v_{Inc}，因此在任何喷嘴距离下均可吸附在刀具表面。因此，当喷射系统的设置处于 x_{c0} 之下时，由于液滴粒径和空气流量相对较小，喷嘴距离对液滴吸附特性无影响。此外，由于在喷射流场中，喷嘴出口处速度最大，因此在 x_{c0} 之下的数据点（包括负值点）也并无实际物理意义。需要注意的是，这里的讨论是基于相对静态的流场情况，在 2.3.2 节将通过 CFD 仿真方法研究包括刀具旋转和喷射产生的复合流场的液滴动态渗透及吸附条件。

2.3.2 外部微量润滑雾粒吸附 CFD 仿真研究

利用 COMSOL Multiphysics 仿真软件，对喷射流场和液滴运动特性进行了 CFD 仿真研究，采用"两步法"进行求解。研究中首先求解喷射流场，然后使用单独的研究基于该流场的结果计算液滴轨迹。第一步的背景流场求解基于二维几何模型，通过"旋转机械湍流，$k\text{-}\varepsilon$"物理场接口计算得出。基于 Navier-Stokes 方程（基于 Reynolds-Average Navier-Stokes 方程）和连续性方程分别控制动量平衡和质量守恒。湍流效应由标准 $k\text{-}\varepsilon$ 模型求解。速度入口的边界条件根据供气流量和喷嘴仰角设定。为了计算吸附在刀具表面的粒子数量，将"粒子计数器"特征添加到刀具表面，由此可计算得到粒子传输效率 η_t：

$$\eta_{\mathrm{t}} = \frac{n_{\mathrm{ad}}}{n_{\mathrm{total}}} \tag{2-14}$$

式中，n_{ad} 为可以到达并吸附在刀具表面的液滴数量；n_{total} 为总释放液滴数。

当液滴满足如下条件时，刀具表面壁条件设置为冻结：

$$|\boldsymbol{v}_{qx}| \frac{|q_x|}{\sqrt{q_x^2 + q_y^2}} - |\boldsymbol{v}_{qy}| \frac{|q_y|}{\sqrt{q_x^2 + q_y^2}} = v_{\mathrm{In}} < v_{\mathrm{Inc}} \tag{2-15}$$

式中，$\boldsymbol{v}_{qx}$ 和 $\boldsymbol{v}_{qy}$ 分别为液滴在 x 和 y 方向上的速度矢量；q_x 和 q_y 分别为液滴在 x 和 y 方向上的坐标。

图 2-24 中 α_q 为与液滴碰壁位置坐标相关的角度。$\boldsymbol{v}_{qx}$、$\boldsymbol{v}_{qy}$、q_x 和 q_y 这四个参数的值可由 CFD 计算获得。根据液滴的速度和位置信息，可推导出液滴的法向入射速度 v_{In}。当液滴不满足式（2-15）时的刀具表面壁条件设为反弹。

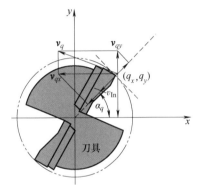

图 2-24 壁条件设置示意图

CFD 仿真研究在不同空气流量（$Q = 150\mathrm{L/min}$，$200\mathrm{L/min}$）和主轴转速（$S = 2000\mathrm{r/min}$，$6000\mathrm{r/min}$）下进行。喷嘴距离设置范围为 $20 \sim 160\mathrm{mm}$，增量为 $5\mathrm{mm}$。研究并记录每个算例下的液滴传输效率 η_{t}。仿真研究中未考虑粒径随空气流量的变化，即雾化效应。因此，研究中将液滴直径设置为 $15\mu\mathrm{m}$，其临界法向入射速度为 $v_{\mathrm{Inc}} = 102.3487\mathrm{m/s}$。每个研究的时间范围为 $0 \sim 0.02\mathrm{s}$，步长为 $10^{-5}\mathrm{s}$。停止时间设置为 $0.02\mathrm{s}$ 是为了确保所有液滴达到最终状态。

雾粒传输效率仿真结果如图 2-25 所示，图中需要注意三个关键点，即图 2-25a 中的 x_{c1}、x_{c2}、x_{c3} 和图 2-25b 中的 x'_{c1}、x'_{c2}、x'_{c3}，这三个点表示了不同设置下的最佳喷嘴距离。

不论在较高或较低主轴转速下，当喷嘴距离分别在 $x_{c3} = 95\mathrm{mm}$（图 2-25a）和 $x'_{c3} = 120\mathrm{mm}$（图 2-25b）范围内时，低流量（$Q = 150\mathrm{L/min}$）喷射下的雾粒均未出现吸附问题。在该条件下，由于喷嘴射流速度较低，使得液滴的入射速度小于其临界值，同时又保证液滴具有足够的动能使其能够穿透旋转流场，因此释放的所有液滴均可到达并吸附在刀具表面。当喷嘴距离超过 x_{c3}（x'_{c3}）后，传输效率随距离的增加而迅速降低，喷射流场也在旋转流场下发生偏离。由式（2-9）可知，射流速度随着喷嘴距离的增加而降低，部分雾粒没有足够的动能突破旋转流场，并随着旋转流场偏离切削区（如图 2-26 所示，色阶图

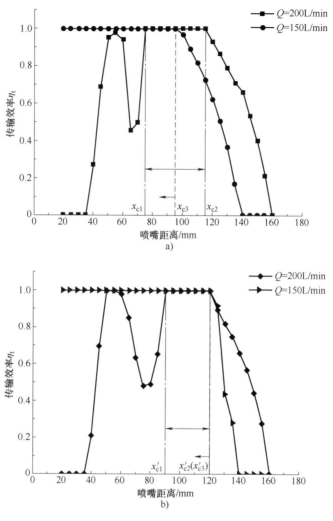

图 2-25　雾粒传输效率仿真结果

a）$S = 6000\text{r}/\text{min}$　b）$S = 2000\text{r}/\text{min}$

表示速度大小）。通过对比图 2-25a、b 可发现转速对关键点 x_{c3}（x'_{c3}）的影响：随着转速从 2000r/min 提高到 6000r/min，关键点从 120mm 降低到 95mm，表明在高转速下，喷嘴须设置在距切削区更近的位置。当喷嘴距离超过 140mm 后，由于流场无法提供足够的动能，雾粒随流场偏离，所有液滴均无法到达刀具表面。

当空气流量增加到 200L/min 时，如果喷嘴距离刀具表面太近，雾粒的高速射流将使其从刀具表面反弹。由图 2-25a 可知，当喷嘴距离小于 35mm 时的传输

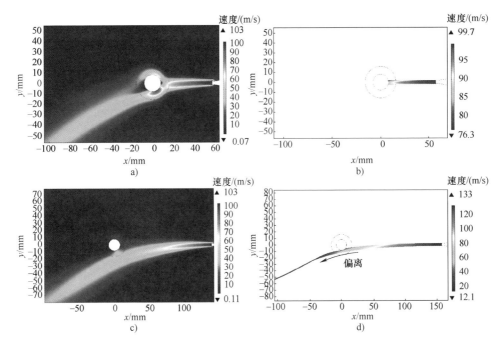

图 2-26　射流速度场及相应的雾粒轨迹随喷嘴距离的变化

（ $Q=150\mathrm{L/min}$ ， $S=6000\mathrm{r/min}$ ，雾粒轨迹由线条表示）

a）速度场，喷嘴距离为 50mm　b）雾粒轨迹，喷嘴距离为 50mm

c）速度场，喷嘴距离为 130mm　d）雾粒轨迹，喷嘴距离为 130mm

效率为 0，说明所有液滴均没有黏附或摊布在刀具表面（图 2-27a、b）。随着喷嘴距离的增加，部分法向入射速度小于 v_{Inc} 的液滴可吸附在刀具上。然而，在图 2-25a 中 40~65mm 和图 2-25b 中 40~75mm 范围内，传输效率先由 0 升高到较高水平，之后立刻下降。这是主要由于在合适的喷嘴距离下产生的雾粒回流现象（图 2-27c、d）：具有较高速度的液滴撞击刀具表面发生反弹，在流场作用下减速并回流进入主射流，并在主射流的作用下再加速流向切削区，所产生的二次撞击速度通常小于第一次撞击，使得超过 90% 的液滴可在喷嘴距离较近时吸附在刀具表面。雾粒的回流机制随时间的变化如图 2-28 所示。随着喷嘴距离的增加并超过回流现象发生的最佳喷嘴距离范围时，回流机制对传输效率的影响减弱，使 η_{t} 降至较低水平。

由图 2-25 可知，不论主轴转速如何，在空气流量 $Q=200\mathrm{L/min}$ 条件下均存在喷嘴距离的最优范围： $S=6000\mathrm{r/min}$ 时为 $x_{\mathrm{c1}}\sim x_{\mathrm{c2}}$ ， $S=2000\mathrm{r/min}$ 时为 $x_{\mathrm{c1}}'\sim x_{\mathrm{c2}}'$ 。在此范围内，传输效率可保持在 100%，即所有雾粒均可吸附在刀具表面

35

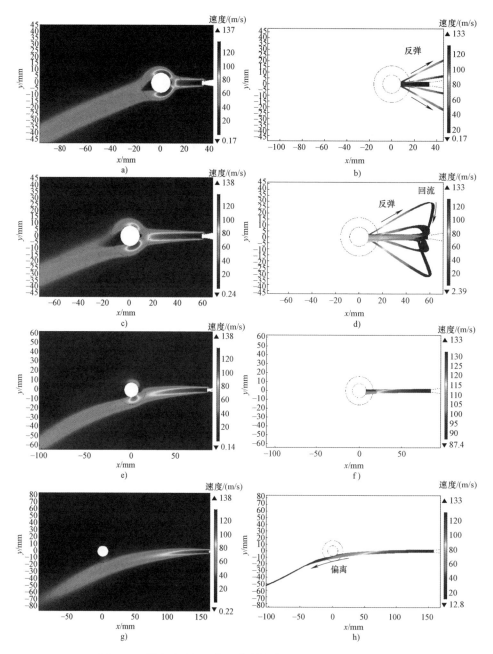

图 2-27 射流速度场及相应的雾粒轨迹随喷嘴距离的变化

（Q = 200L/min，S = 6000r/min，雾粒轨迹由线条表示）

a）速度场，喷嘴距离为 25mm   b）雾粒轨迹，喷嘴距离为 25mm   c）速度场，喷嘴距离为 50mm

d）雾粒轨迹，喷嘴距离为 50mm   e）速度场，喷嘴距离为 75mm   f）雾粒轨迹，喷嘴距离为 75mm

g）速度场，喷嘴距离为 150mm   h）雾粒轨迹，喷嘴距离为 150mm

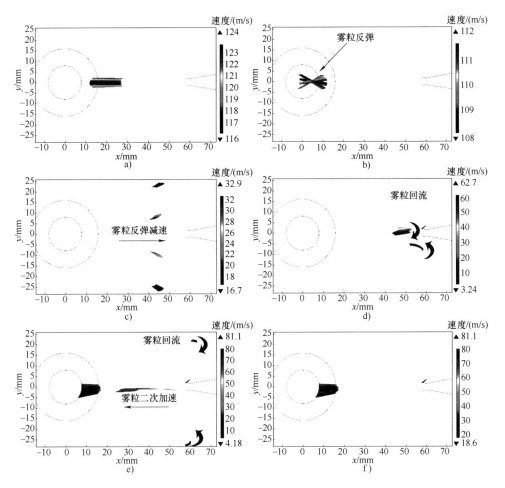

图 2-28　雾粒回流过程

（喷嘴距离为 50mm，$Q = 200L/min$，$S = 6000r/min$，雾粒轨迹由彗尾表示）

a）时间为 0.00035s　b）时间为 0.00042s　c）时间为 0.0011s

d）时间为 0.0031s　e）时间为 0.0042s　f）时间为 0.0105s

（图 2-27e、f）。当喷嘴距离超过 x_{c2}（x'_{c2}）时，由于雾粒动能不足，传输效率开始下降。雾粒由于动能不足随流场偏移这一现象与低空气流量下喷嘴距离超过 x_{c3}（x'_{c3}）时的情况相同（图 2-27g、h）。同时可发现，传输效率降低段随着空气流量的增加而向右移动，证明雾粒可从较高空气流量下获得更多的动能。

2.3.3　仿真结果验证及分析

采用切削试验对雾粒渗透仿真结果进行验证，试验设置如图 2-29 所示，试验条件及参数详见表 2-2。切削液采用意大利 iLC 公司的 Natural 77 润滑油。验证试验选择槽铣工艺，工件材料选择铝合金 2A12。

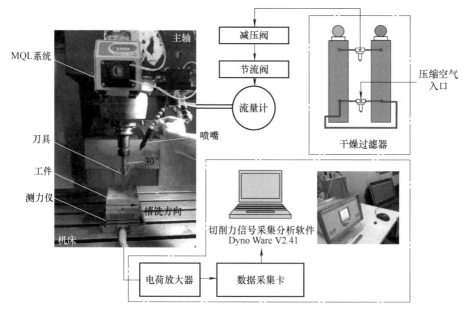

图 2-29　仿真验证试验设置

表 2-2　试验条件及参数

项　　目	第　一　组	第　二　组	第　三　组
主轴转速 S/(r/min)	6000	2000	6000
空气流量 Q/(L/min)	200	200	150
喷嘴距离/mm	25，50，75，95，125，150	25，50，75，90，105，125，150	25，50，75，100，125
每齿进给量 f_z/(mm/z)	0.1		
切削深度 a_p/mm	1		
空气压力/MPa	0.5		
切削液流量/(mL/h)	10		
材料	铝合金 2A12，样件尺寸 120mm×100mm×30mm		
机床	SMTCL VMC0850B		
刀具	SUMITOMO AXET123508PEFR-S，2 齿，$\phi16$mm		
MQL 系统	自研		
MQL 切削液	iLC Natural 77		

雾粒吸附状态与切削性能息息相关，雾粒在刀具表面的有效吸附可保证刀齿在下一刀切入过程中有良好的润滑状态。研究中设计了三组试验，探求喷嘴距离、空气流量和主轴转速对切削性能的影响。每组切削试验中喷嘴距离的取值根据数值仿真中得到的关键点选取。各组试验均以干切削作为切削性能对照组。

试验过程中，切削力的获取通过由 Kistler 切削力在线测量系统测量。利用便携式表面粗糙度仪（Time TR200）测量加工表面粗糙度 Ra 值。

试验结果如图 2-30 所示，切削力数据为 X、Y、Z 三向合力。切削力和表面粗糙度与润滑雾粒吸附特性相关。更高的雾粒传输效率意味着更多的雾粒可以吸附在刀具表面形成润滑油膜，因此具有更理想的切削性能。

在较高空气流量（$Q = 200\text{L/min}$）和主轴转速（$S = 6000\text{r/min}$）下的试验结果如图 2-30a、b 所示，喷嘴距离设置在试验最小值 25mm 处的切削性能较差。由于到达刀具表面的雾粒速度较高，发生反弹，使得刀具在切入时润滑状况较差，此时切削性能与干切削相近（如图 2-30 中虚线所示），表现为较高的切削力和表面粗糙度值。喷嘴距离设置为 50mm 时切削力和表面粗糙度值明显降低。此时切削性能的提高是由于回流机制，使大多数反弹液滴发生回流并重新吸附到刀具表面，保证了润滑性。当喷嘴设置在由数值计算得到的最佳范围内时，在喷嘴距离 75mm 条件下使切削力和 Ra 值分别降低了 20% 和 16%（与干切削相比），在 100mm 喷嘴距离下同样保证了较好的结果。当喷嘴距离超过理论值 x_{c2}（图 2-25a）时，切削力和表面粗糙度数值上升到干切削水平，说明大多数液滴未有效吸附并随流场流动偏离切削区。

当主轴转速降低到 2000r/min 时的结果表现出与 6000r/min 时类似的趋势（图 2-30c、d）。当喷嘴距离设置在理论最优范围内时，同样可以保证理想的切削性能。同时，试验结果更清晰地表明了雾粒回流现象对结果的影响。根据图 2-25b 中的结果，喷嘴距离 50mm 设置下将发生回流现象，此设置下的切削性能较为理想。而喷嘴距离 75mm 在回流区的边缘，使得回流润滑雾粒减少，导致了切削力和 Ra 值的显著提高。喷嘴距离 90mm 和 105mm 在理论最佳范围内，因此获得了最低的切削力和表面粗糙度值。当喷嘴距离超过理论值 x'_{c2}（图 2-25b）时，几乎没有液滴参与到润滑过程中，此时的切削性能下降到与干切削相同的较低水平。

图 2-25 中的雾粒传输效率仿真结果表明，由于初始射流速度较低，空气流量 $Q = 150\text{L/min}$ 条件下没有发生雾粒回弹现象。当喷嘴距离小于关键值 x_{c3}（x'_{c3}）时，所有雾粒均可吸附在刀具表面。验证试验结果如图 2-30e、f 所示，切削力

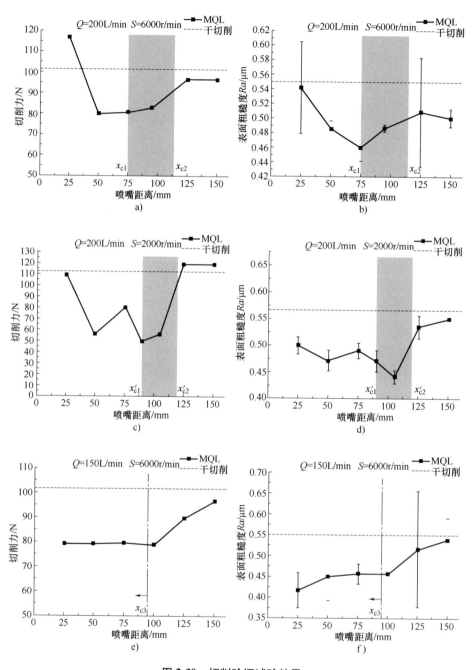

图 2-30 切削验证试验结果

和表面粗糙度值在喷嘴距离为 20~100mm 范围内均可保持在较低水平，与干切削相比分别降低了超过 22% 和 17%。试验条件下（$S=6000r/min$）MQL 的润滑能力也可以通过对比图 2-25a 和图 2-30a、e 得到，当传输效率为 100% 时（图 2-25a），无论空气流量如何，包括回流点内的切削力保持在 80N 左右的较低水平。

当喷嘴距离增加到 125mm 和 150mm 时，由于有效吸附润滑雾粒的减少，切削力和表面粗糙度值增加到干切削水平，切削质量较差。

本研究结果为 MQL 工艺参数的协同优化提供了理论支撑和试验依据。在空气流量较大的情况下，将喷嘴距离设置在 x_{c1}（x'_{c1}）和 x_{c2}（x'_{c2}）之间并靠近 x_{c1}（x'_{c1}）处时，雾粒吸附性能较好，可有效保证切削质量。由图 2-30a、c 可以看出，x_{c1}（x'_{c1}）处的切削力通常小于 x_{c1}（x'_{c1}）和 x_{c2}（x'_{c2}）中间点。这主要是由于当喷嘴距切削区更近时，液滴可获得更高的动能。具有较高动能的液滴能够轻松穿过铣刀周围的旋转流场，并摊布在刀具表面形成有利于切削的润滑油膜。通常情况下，切削力随主轴转速的提高而降低。但与 x_{c1}（$S=6000r/min$，图 2-30a）处相比，x'_{c1}（$S=2000r/min$，图 2-30c）处的切削力降低了 39%，说明液滴在 $S=2000r/min$ 时产生的复合流场中更容易渗透切削区，提供了理想的润滑性能，获得了较低的切削力。

尽管雾粒回流机制有利于在喷嘴距离较小时提高雾粒传输效率，但仍不推荐在回流区内设置喷嘴。在工程化应用中，影响流场的因素较为复杂，回流现象仅为系统设置中的特殊情况之一。CFD 仿真结果表明，回流区长度仅为 10mm 左右。在喷嘴方位设置中若稍有偏差或在切削过程中的整体系统的任何变化都有可能使喷嘴射流离开回流区，并随着雾粒传输效率的急剧下降，润滑性能将受到严重影响，对保证切削性能和稳定性极为不利。

参 考 文 献

[1] WILLIAMS J A, TABOR D. The role of lubricants in machining [J]. Wear, 1977, 43（3）: 275-292.

[2] GODLEVSKI V A, VOLKOV A V, LATYSHEV V N, et al. The kinetics of lubricant penetration action during machining [J]. Lubrication Science, 1997, 9（2）: 127-140.

[3] 刘俊岩. 水蒸气作绿色冷却润滑剂的作用机理及切削试验研究 [D]. 哈尔滨: 哈尔滨工业大学, 2005.

[4] 严鲁涛. 低温微量润滑切削技术作用机理及试验研究 [D]. 北京: 北京航空航天大学, 2011.

[5] 戚宝运, 何宁, 李亮, 等. 低温微量润滑技术及其作用机理研究 [J]. 机械科学与技术,

2010, 29（6）：826-831.

［6］BHOWMICK S, ALPAS A T. The role of diamond-like carbon coated drills on minimum quantity lubrication drilling of magnesium alloys ［J］. Surface and Coatings Technology, 2011, 205 （23/24）：5302-5311.

［7］董晋标. 微通道内流体的流动与换热的理论研究和数值分析 ［D］. 西安：西安电子科技大学, 2007.

［8］武东健, 贾建援, 王卫东. 微细管道内的流体阻力分析 ［J］. 电子机械工程, 2005, 21 （4）：38-40.

［9］TAWAKOLI T, HADAD M J, SADEGHI M H. Influence of oil mist parameters on minimum quantity lubrication-MQL grinding process ［J］. International Journal of Machine Tools and Manufacture, 2010, 50 （6）：521-531.

［10］LIU Z Q, CAI X J, CHEN M, et al. Investigation of cutting force and temperature of end-milling Ti-6Al-4V with different minimum quantity lubrication （MQL） parameters ［J］. Proceedings of the Institution of Mechanical Engineers, Part B：Journal of Engineering Manufacture, 2011, 225 （8）：1273-1279.

［11］PEI H J, SHEN C G, ZHENG W J, et al. CFD analysis and experimental investigation of jet orientation in MQL machining ［J］. Advanced Materials Research, 2010, 135：462-466.

［12］ZHENG W J, PEI H J, WANG G C, et al. Effect of flow field on cutting fluid penetration during minimum quantity lubrication （MQL） machining ［J］. Advanced Materials Research, 2011, 188：61-66.

［13］PARK K H, OLORTEGUI-YUME J, YOON M C, et al. A study on droplets and their distribution for minimum quantity lubrication （MQL） ［J］. International Journal of Machine Tools and Manufacture, 2010, 50 （9）：824-833.

［14］汤羽昌, 何宁, 赵威, 等. 基于微量润滑的两级雾化仿真与试验研究 ［J］. 工具技术, 2013, 47 （1）：3-6.

［15］刘晓丽, 李亮, 赵威, 等. 基于微量润滑的切削油雾雾化特性测试与分析 ［J］. 工具技术, 2012, 45 （12）：16-18.

［16］刘晓丽. 基于微量润滑的切削环境空气质量检测与分析 ［D］. 南京：南京航空航天大学, 2012.

［17］ISKANDAR Y, TENDOLKAR A, ATTIA M H, et al. Flow visualization and characterization for optimized MQL machining of composites ［J］. CIRP Annals, 2014, 63 （1）：77-80.

［18］KAMATA Y, OBIKAWA T. High speed MQL finish-turning of Inconel 718 with different coated tools ［J］. Journal of Materials Processing Technology, 2007, 192：281-286.

［19］OBIKAWA T, ASANO Y, KAMATA Y. Computer fluid dynamics analysis for efficient spraying of oil mist in finish-turning of Inconel 718 ［J］. International Journal of Machine Tools and Manufacture, 2009, 49 （12/13）：971-978.

［20］OBIKAWA T, KAMATA Y, SHINOZUKA J. High-speed grooving with applying MQL ［J］. International Journal of Machine Tools and Manufacture, 2006, 46 （14）: 1854-1861.

［21］TASDELEN B, WIKBLOM T, EKERED S. Studies on minimum quantity lubrication （MQL） and air cooling at drilling ［J］. Journal of Materials Processing Technology, 2008, 200 （1-3）: 339-346.

［22］PARK K H, YANG G D, SUHAIMI M A, et al. The effect of cryogenic cooling and minimum quantity lubrication on end milling of titanium alloy Ti-6Al-4V ［J］. Journal of Mechanical Science and Technology 2015, 29 （12）: 5121-5126.

［23］INSURANCE G S A. Minimum quantity lubrication for machining operations ［R］. Berlin: ［s. n.］, 2010.

［24］DUCHOSAL A, LEROY R, VECELLIO L, et al. An experimental investigation on oil mist characterization used in MQL milling process ［J］. The International Journal of Advanced Manufacturing Technology, 2013, 66 （5）: 1003-1014.

［25］DUCHOSAL A, SERRA R, LEROY R. Numerical study of the inner canalization geometry optimization in a milling tool used in micro quantity lubrication ［J］. Mechanics and Industry, 2014, 15 （5）: 435-442.

［26］DUCHOSAL A, SERRA R, LEROY R, et al. Numerical steady state prediction of spitting effect for different internal canalization geometries used in MQL machining strategy ［J］. Journal of Manufacturing Processes, 2015, 20: 149-161.

［27］DUCHOSAL A, SERRA R, LEROY R, et al. Numerical optimization of the minimum quantity lubrication parameters by inner canalizations and cutting conditions for milling finishing process with Taguchi method ［J］. Journal of Cleaner Production, 2015, 108: 65-71.

［28］DUCHOSAL A, WERDA S, SERRA R, et al. Numerical modeling and experimental measurement of MQL impingement over an insert in a milling tool with inner channels ［J］. International Journal of Machine Tools and Manufacture, 2015, 94: 37-47.

［29］DUCHOSAL A, WERDA S, SERRA R, et al. Experimental method to analyze the oil mist impingement over an insert used in MQL milling process ［J］. Measurement, 2016, 86: 283-292.

［30］ZHU G Y, YUAN S M, CHEN B C. Numerical and experimental optimizations of nozzle distance in minimum quantity lubrication （MQL） milling process ［J］. The International Journal of Advanced Manufacturing Technology, 2019, 101 （1）: 565-578.

［31］BAI C X, GOSMAN A D. Development of methodology for spray impingement simulation ［J］. SAE Transactions, 1995: 550-568.

［32］STOW C D, HADFIELD M G. An experimental investigation of fluid flow resulting from the impact of a water drop with an unyielding dry surface ［J］. Proceedings of the Royal Society A: Mathematical, Physical and Engineering Sciences, 1981, 373 （1755）: 419-441.

第 3 章

———

微量润滑技术应用基础

应用微量润滑技术时，影响冷却润滑效果的主要因素包括：润滑剂类型、微量润滑系统参数、工艺参数等。合理选择润滑剂种类和 MQL 系统参数是保证切削液雾化质量、雾粒传输效率以及切削界面间雾粒渗透吸附成膜效果的关键。目前在微量润滑技术的实际应用过程中缺乏对 MQL 系统参数选择的理论指导，存在参数选择与实际加工工艺脱离等问题。同时，切削现场环境空气质量与微量润滑参数直接相关，控制 MQL 加工现场油雾浓度与粒径分布不仅对其切削性能十分重要，也直接影响着工作空间空气质量和操作者的身体健康。环境空气质量相关标准已对车间工作环境的油雾浓度提出了要求。因此，在应用微量润滑技术时，应统筹考虑润滑剂类型和 MQL 系统参数，在保证环境空气质量和安全的前提下，提高 MQL 的冷却润滑效果。本章将对润滑剂类型和微量润滑系统关键参数对实际切削加工效果的作用规律以及其选择方法进行介绍。

3.1 润滑剂的选择

3.1.1 润滑剂类别的选择

润滑剂的种类主要包括油类和脂类，例如矿物油、植物油以及合成酯。矿物油由原油提炼而成，其主要成分是碳氢化合物（主要成分脂肪烃）。植物油主要成分是脂肪酸的甘油酯，根据是否可供食用，可分为食用油（大豆油、花生油等）和非食用油（桐油、蓖麻油等）。植物油因其可生物降解的优点受到了工业界的广泛关注，但植物油产量少、成本高，大量使用受到限制。MQL 使用极少量润滑剂的特点使植物油在加工中的应用得以实现。合成酯是指通过化学方法合成的基础油，合成基础油有很多种类，常见的有合成烃、合成酯、聚醚、硅油、含氟油、磷酸酯。其中合成酯是综合性能较好、开发应用最早的一类合成润滑剂。

Rahim 等对比了 MQL 棕榈油（MQL Palm Oil，MQLPO）和 MQL 合成酯（MQLSynthetic Ester，MQLSE）在钛合金钻削试验中的润滑性能。试验采用 AlTiN 涂层硬质合金钻头，以冷风和浇注式切削加工条件作为对比。通过研究发现，MQL 条件下的刀具磨损进程较为缓慢，与 MQLSE、冷风条件及浇注式条件相比，MQLPO 条件下的刀具磨损率最低。

同时，测量并对比了不同切削条件下的轴向力、转矩和工件温度。试验结果表明：MQLPO 条件与浇注式条件获得了最低的轴向力，性能优于 MQLSE 条件和冷风切削条件。MQLPO 条件展现出和浇注式条件相当的冷却性能，因此，使用极少量润滑剂的 MQL 可以有效降低切削温度。

棕榈油中的脂肪酸有比合成酯更长的碳链长度，因此使得润滑剂可以形成高强度的润滑膜，从而使接触面的摩擦降低、耐热性变强。此外，棕榈油的黏度高，有一种阻碍流动的倾向，这提供了较低的摩擦系数值。棕榈油的这些特性有助于形成稳定且良好的边界润滑效果，使得摩擦和热量产生减少。

3.1.2 润滑剂物理特性的选择

润滑剂的物理性质，如黏度、密度、液体表面张力、润湿性等对喷雾结果及其渗透性能具有重要作用。同时，在润滑剂中加入添加剂可增强其性能，获得理想的加工效果。

Tai 等比较了九种不同的商业 MQL 流体的钻削和铰削过程，把每种 MQL 流体从 A~I 进行标记，它们的物理性质见表 3-1。此研究试图确定它们的性能和基于各自的热导率、润湿性、润滑能力、极压（Extreme Pressure，EP）性质、喷雾生成和机械加工性之间的关系。

表 3-1　MQL 润滑剂测试（按黏度升序排列）

流　　体	密度/(g/mL)	黏度（40℃）/($10^{-6}\,m^2/s$)	闪点/℃	备　　注
A	0.87	8.8	200	生物降解酯
B	0.93	8.9	214	可再生酸酯
C	0.90	10	182	自然衍生合成物
D	0.93	10	204	植物基
E	0.89	10	204	植物基+添加剂
F	0.93	28	280	生物降解酯
G	0.91	40	231	天然脂肪油
H	0.93	52	228	合成酯
I	0.94	69	196	植物基+添加剂

在热导率的测量中，选择一种水基流体（Waterbased Fluid，WB）作为参照与 MQL 流体做比较。发现 MQL 流体（A~I）比水或水基流体的热导率低很多。MQL 流体的热导率不受温度的影响（25~90℃），却随黏度的增大而增大。

润湿性与接触角有关：接触角越小，流体的润湿性越高。结果（图 3-1）表明，MQL 流体的润湿性好于水或水基流体，其中各流体在 6061 铝上（标记为 Al）的接触角在 8.0°~20.6°变化，在硬质合金上（标记为 WC）的接触角在 7.6°~26.5°变化。

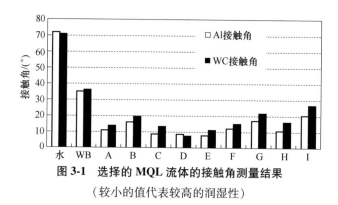

图 3-1　选择的 MQL 流体的接触角测量结果

（较小的值代表较高的润湿性）

进行攻螺纹测试并测量和比较攻螺纹转矩以评估每种 MQL 流体的润滑能力。把流体 B 的攻螺纹转矩指定为 100，对每个测试的流体测得的转矩标准化之后，发现 MQL 流体比水基流体的润滑性能好，如图 3-2 所示。

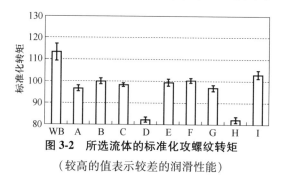

图 3-2　所选流体的标准化攻螺纹转矩

（较高的值表示较差的润滑性能）

极压（EP）性能测试的结果如图 3-3 所示。MQL 流体 F、H 和 I 在试验中达到最大负载，添加了氯化石蜡添加剂的水基流体也显示出了很好的 EP 性能。向流体 D 中添加硫化 EP 添加剂，并将其称为流体 E。可见，流体 E 在 EP 性能测试中优于流体 D。

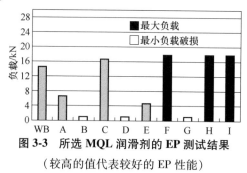

图 3-3　所选 MQL 润滑剂的 EP 测试结果

（较高的值代表较好的 EP 性能）

喷雾产生试验的结果见表 3-2。对所有的 MQL 流体，喷雾浓度在 8.84 ~

11.80mg/m^3，喷雾中位直径（Mass Median Diameter，MMAD）为 2.90~4.07μm。同时，黏度和喷雾的特性相关：黏度越小，喷雾浓度越高，产生的雾滴越大。

表 3-2   MQL 润滑剂的喷雾浓度和 MMAD

流　　体	浓度/(mg/m^3)	MMAD/μm	MMAD 的几何标准差 σ_g
A	10.41	3.93	2.63
B	11.09	3.85	2.39
C	11.62	4.00	2.46
D	11.80	4.07	2.64
E	10.63	4.02	2.49
F	10.07	3.85	2.59
G	9.08	3.63	2.88
H	9.07	3.43	2.81
I	8.84	2.90	2.60

最后，通过试验研究了不同 MQL 流体的测量性能和加工性能之间的关系，得出以下结论：

1）在试验条件下，较大的雾粒中位直径（MMAD）和较高的喷雾浓度可以改善表面粗糙度和钻孔直径精度，此外还能降低能量损耗。

2）低黏度的流体展示出较高的润湿性（小接触角），因此可对切削区进行充分润湿，并由此获得较高的直径精度。

3）在试验加工条件下，低黏度的 MQL 流体展现出良好的机械加工性。

由此可见，润滑剂的物理性质决定了喷雾的性质，且喷雾不同物理性质之间也相互关联。

▶ 3.1.3　含氧化合物作为 MQL 润滑剂

酯类、醇类和酸类三大类含氧化合物也可作为 MQL 润滑剂，能够在刀具表面形成有效润滑油膜，从而起到润滑减摩的作用。对于同一类润滑剂来说，其含氧化合物化学结构的不同也会对试验结果产生不同的影响。

Wakabayashi 等通过攻螺纹和钻孔试验来评价不同润滑剂（见表 3-3）的切削性能，根据已有的研究成果选择合成多元醇酯（POE）样本作为参照。表 3-4 列出了攻螺纹试验的切削用量，试验结果如图 3-4 所示。

表 3-3 用作流体润滑剂的含氧化合物的种类和性质

润滑剂种类	成 分	运动黏度（40℃）/（mm²/s）	样 品 名 称
酯	合成多元醇酯	49.1	POE
	聚二醇单酯	29.2	PGE
醇	聚二醇	25.9	PAG
	月桂醇	12.1	LAL
	油醇	19.4	OAL
酸	油酸	17.3	OAC

表 3-4 攻螺纹试验的切削用量

刀 具	M8 螺母丝锥（直径为 8mm）
孔直径	6.8mm
切削速度	9.0m/min
工件	JIS AC8A 铝合金铸件
参考液体	己二酸二异癸酯（DIDA）

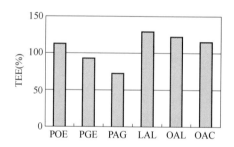

图 3-4 由攻螺纹试验获得的攻螺纹能量效率（TEE）结果

根据攻螺纹试验，采用 POE、LAL、OAL 和 OAC 四种含氧化合物对 JIS AC8A 铝合金铸件进行钻孔试验，为防止 MQL 喷雾路径的阻塞，将每种润滑剂都混合成浓度为 20%（质量分数）的酯类物质 POE。钻削条件见表 3-5，轴向力结果如图 3-5 所示。LAL 和 OAL 这两种醇类物质在攻螺纹试验和钻孔试验中都展现出了最佳性能，这可能是由于醇类物质具有在初期未生成氧化铝的洁净表面上形成化学吸附膜的能力，而酯类和酸类物质是在经过切削被氧化后的表面上生成化学吸附膜。

表 3-5　MQL 钻孔的钻削条件

刀　具	DLC 涂层硬质合金刀具（钻头直径为 6 mm）
主轴转速	7000r/min
钻头进给量	0.1mm/r
孔深度	50mm
工件	JIS AC8A 铝合金铸件

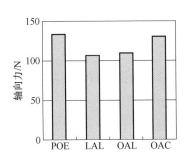

图 3-5　实际 MQL 钻削获得的轴向力结果

Wakabayashi 还通过增加苯甲醇（BAL：8mm²/s，40℃）和癸醇（DAL：11mm²/s，40℃）作为对照来研究醇类物质在端铣中的防黏结特性。切削条件见表 3-6，其防黏结特性由切削长度来评估。图 3-6 所示的结果表明：在防黏结能力方面，OAL 胜过 LAL；含氧化合物的化学结构对其润滑效果具有重要影响，线性碳链较长的含氧化合物的润滑能力较强。

表 3-6　MQL 端铣的切削条件

工　　件	JIS AC8A 铝合金铸件
刀具	高速钢（JIS SKH55） 直径为 10mm 齿数为 2 螺旋角为 30°
切削速度	110m/min
进给速度	0.30mm/z
切削宽度	轴向为 10mm，径向为 5mm
切削方式	侧铣，顺铣
MQL 供给	润滑剂用量为 20mL/h 空气压力为 0.2MPa

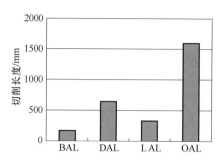

图 3-6　由面铣刀上的铝黏结累积测试出的
切削长度结果

综上所述：润滑剂的种类（醇类、酯类、酸类）和物理性质都会影响其切削性能。碳链长度较长的润滑剂可以形成高强度的润滑膜，有利于降低摩擦。低黏度的润滑剂可形成质量好的 MQL 喷雾，机械加工性能较好。润滑剂理化性质是选择润滑剂时要考虑的因素，同时可在润滑剂中添加合适的添加剂增强其加工性能。具体可根据需求选择合适的润滑剂和添加剂。

3.2　微量润滑空气流量

▶▶ 3.2.1　空气流量的作用机理

空气流量对微量润滑切削技术的影响主要体现在润滑剂雾化、雾粒渗透吸附以及切削热等方面。

压缩空气作为雾化的媒介，其用量大小影响着润滑剂的雾化效果。根据 MQL 雾化特性测试试验可以得到，雾粒平均直径（Sauter Mean Diameter, SMD）随着空气流量的增加而逐渐减小，当空气流量超过某一范围后，粒径变化不明显，如图 3-7a 所示。从粒径分布上来看，当空气流量较低时，雾粒直径的发散度大，雾化效果相对较差。随着空气流量的增加，粒径分布图像逐渐向小液滴方向移动，且尺寸发散度较小，如图 3-7b 所示。空气流量的增大对润滑剂的扰动作用增强，使得表面波的振幅逐渐变大，促使液体能够更好地雾化成小液滴。然而当空气流量的大小已经足够满足雾化需求时，继续增大空气流量对润滑剂的雾化效果作用不明显，因此，在 MQL 雾化过程中存在最佳空气流量范围。

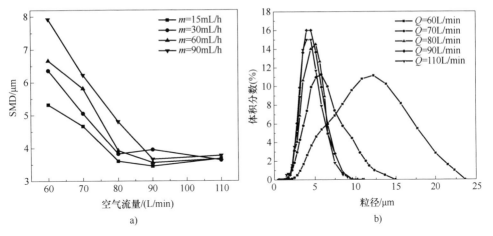

图 3-7 空气流量对雾化特性的影响规律（喷射距离 $D = 50\text{mm}$，润滑剂为 Natural 77）

m—润滑剂用量　Q—空气流量

a）空气流量对雾粒直径的影响规律　b）空气流量对粒径分布的影响

根据第 2 章关于雾粒吸附特性的研究可知，空气流量改变会引起喷嘴外部流场的变化，进而影响雾粒运动速度和量纲一参数韦伯数的变化。随着韦伯数的增大，液滴对于干燥壁面的碰壁机制将由黏附变为飞溅。空气流量过大，雾粒到达刀具表面的入射法向速度超过其临界值时，会造成液滴的飞溅现象，不利于刀具表面有效润滑油膜的形成。空气流量过小，雾粒运动速度较小，难以冲破高速旋转的刀具周围形成的气动屏障。根据实际切削加工过程，合理选择空气流量的大小是保证界面间冷却润滑效果的关键。

与传统浇注式和干式切削加工方式相比，微量润滑技术的冷却换热能力体现在喷雾流体对高温表面的冷却作用，一方面是大量液滴在刀具表面的蒸发现象会带走大量的热量；另一方面通过向切削加工区喷射压缩空气能够加强对流换热效果，带走加工过程中的切削热，有效降低切削温度。

合理优化空气流量的大小可以提高微量润滑系统的雾化效果，有利于液滴在刀具表面形成有效润滑油膜，改善切削加工条件，提高加工效率，减小刀具磨损，避免资源的浪费。

3.2.2 空气流量的优化方法与案例

常用微量润滑装置主要可调参数包括空气压力和空气流量等。从本质上来说，对于确定的喷射系统，空气压力与空气流量都可归结于对气体流速的研究，管道内流通的空气流量 Q 与气体压力 p 之间的关系为

$$Q = p + \frac{1}{2}\rho v^2 \tag{3-1}$$

式中，Q 为空气流量（m³/s）；p 为管道两端压力差（Pa）；ρ 为密度（kg/m³）；v 为流速（m/s）。

▶ 1. 空气流量优化方法

对于空气流量的优化主要采用试验法和 CFD 仿真法，从液滴尺寸分布、喷雾流场变化规律以及切削加工性能指标（切削力、切削温度、表面粗糙度等）等方面对 MQL 系统中的空气流量进行优化，使得润滑剂能够充分雾化，在刀具表面形成有效的润滑油膜，改善加工过程中的冷却润滑条件，从而减小界面间摩擦，降低切削力、切削温度，提高刀具寿命等。

在对喷雾流场特性和雾化特性进行试验测试中通常采用粒子图像测速（Particle Image Velocimetry，PIV）法和相位多普勒测速技术（Phase Doppler Anemometry，PDA）的试验测试方法，需要采用专门的流场测量仪器，如相位多普勒粒子分析仪、马尔文粒度仪、激光多普勒粒子测速仪、粒子图像测速仪等。在对微量润滑流场的 CFD 仿真研究中，通常采用 Fluent 软件、COMSOL Multiphysics 等常用流体力学仿真软件，对两相流场以及液滴直径的分布情况进行数值模拟。

姜立等采用 PIV 法对微量润滑流场分布进行了研究，如图 3-8 和图 3-9 所示。在不同的空气压力下，液滴运动速度相差较大，且压力越大液滴速度越快，这是由于高压下得到的空气射流中心区域的气流速度较大，带动液滴高速运动，从而能够冲破刀具高速旋转时周围产生的气动屏障，提高液滴的渗透能力，有利于形成润滑油膜。

Iskandar 等使用粒子图像测速法和相位多普勒测速的流动可视化方法研究了微量润滑参数空气流量（Air Flow Rate，AFR）和润滑剂流量（Oil Flow Rate，OFR）对流动特性的影响，以实现更好的渗透和冷却润滑。结果如图 3-10 所示，随着 AFR 的增加，流动峰值速度增加，轴向速度分布在喷嘴轴线周围变得更加对称。OFR 的增加具有类似的较小程度的效果。对于所有 AFR/OFR 组合，由于液滴碰撞和周围大气施加的外力，轴向速度的大小随着距离喷嘴出口的增加而减小。此外，随着喷射距离的增加，由于喷嘴内的空气速度梯度，轴向速度的峰值向上移动。

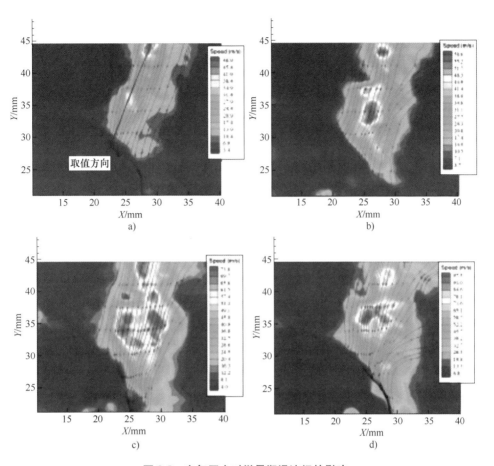

图 3-8 空气压力对微量润滑流场的影响

a) 0.2MPa b) 0.3MPa c) 0.4MPa d) 0.5MPa

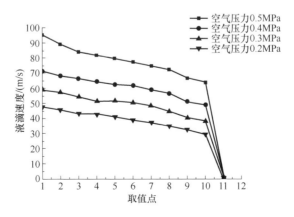

图 3-9 沿箭头方向的液滴速度

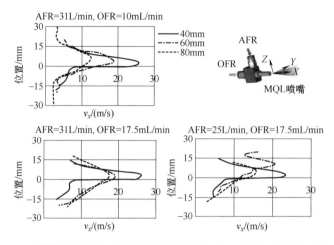

图 3-10　对于不同的空气流量和润滑剂流量，沿 z 轴的平均轴向速度分布

2. 空气流量优化案例

图 3-11　试验现场

　　为研究 MQL 系统工艺参数对钛合金铣削加工性能的影响规律，以切削力和表面粗糙度为优化目标，在正交试验的基础上，采用灰色关联分析法以实现对 MQL 射流参数的多目标优化。

　　试验采用三因素四水平的正交试验设计方法，空气流量作为其中一个变量，其参数值分别设置为 40L/min、60L/min、90L/min、120L/min，试验现场如图 3-11 所示，切削加工参数见表 3-7。

表 3-7　切削加工参数

名　　称	参　　数
机床	HAAS 立式加工中心
材料	TC4（Ti-6Al-4V）
刀具	SMTCL VMC0850B，$\phi = 16$mm
刀片	SUMITOMO AXMT123508PEER-E
齿数 z	2
铣削速度 v	60m/min
铣削深度 a_p	1mm
铣削宽度 a_e	16mm
每齿进给量 f	0.05mm/z
喷嘴仰角 α	60°
喷射方向与进给方向夹角 β	120°
喷嘴距切削区距离 d	50mm
润滑剂	Blaser 7000

利用主效应法分析空气流量对钛合金铣削力和表面粗糙度的影响规律，如图 3-12~图 3-14 所示，横轴表示不同工艺水平，竖轴表示信噪比均值，信噪比均值越大，所对应的试验指标越好。

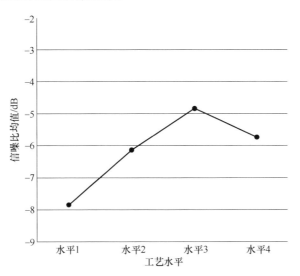

图 3-12 空气流量对表面粗糙度的影响规律

根据第 2 章针对切削区毛细管渗透机理的研究，切削表面的微通道尺寸为 5~10μm，在 MQL 切削加工过程中直径较小的液滴能够有效渗透到切削区起到良好的冷却润滑作用。空气流量作为润滑剂雾化的媒介，其流量大小不仅会影响液体雾化性能，还将决定雾粒是否具有足够的动能到达切削加工区，改善界面间的冷却润滑条件。由图 3-12 和图 3-13 可知，信噪比均值随着空气流量的增加而增大，当空气流量超过 90L/min 时增加幅度减缓，甚至会有所减小。一方面是由于空气流量的增大对润滑剂的扰动作用增强，使得表面波的振幅逐渐变大，促使液体能够更好地雾化成小液滴，有利于润滑剂对界面微通道的充分、快速填充。另一方面，空气流量的增加可以加快切削区热量的交换，能够在一定程度上起到降低切削区温度的作用，提高工件表面质量。与此同时，随着空气流量的增加单个液滴获得的动能变大，当液滴撞击刀具表面的速度过大时会产生液滴回弹现象，不利于形成稳定的润滑油膜，因此，当空气流量增加到一定程度以后，其冷却润滑效果将有所减小。由图 3-14 综合分析空气流量对表面粗糙度和切削力的影响规律可知，灰色关联度随着空气流量的增加呈现出先增加后减小的趋势，在本案例的试验条件下 90L/min 为最佳空气流量值。

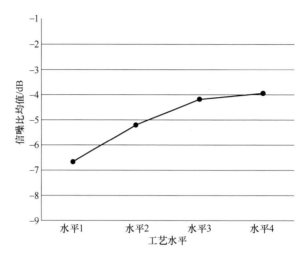

图 3-13　空气流量对切削力的影响规律

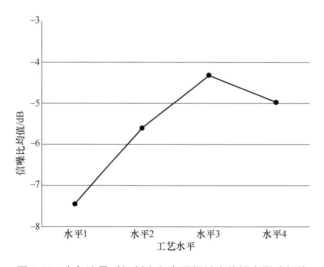

图 3-14　空气流量对切削力和表面粗糙度的综合影响规律

3.3　润滑剂用量

　　润滑剂作为微量润滑技术实现其冷却润滑性能的媒介，如何根据工件材料性能、加工工艺条件以及润滑剂性质合理选择参数值的大小，是目前微量润滑技术工程应用推广中的重要问题，既要实现对切削加工区的冷却润滑作用效果，又要保证润滑剂的合理使用，避免不必要的资源浪费。

　　目前国内外学者对 MQL 润滑剂用量的优化方法主要使用试验手段，如 Tasdelen 等和 Gaitonde 等通过试验研究了不同润滑剂用量对切削性能的影响，且优化了切削参数。哈尔滨工业大学的刘俊岩博士建立了润滑剂渗透切削区毛细管的动力学模型，并考虑润滑剂以液相和气相的渗入时间。江苏大学的张春燕博士认为最佳润滑剂用量与表面粗糙度值有关，并建立了相应的润滑剂用量模型。

▶ 3.3.1　润滑剂用量优化模型

通过润滑剂用量优化模型对微量润滑铣削加工过程中的参数（铣削速度、每齿进给量、铣削深度及润滑剂使用量）对刀具磨损的影响进行了研究，利用响应曲面法建立了刀具后刀面磨损模型，确定了铣削高强钢（PCrNi3Mo）时润滑剂的最佳使用量，并开展了工艺试验进行验证。

响应曲面设计是试验设计中常用的数据处理方法，在探索科学及工程中的各类仿真优化、参数配置、观测设计等问题中，得到了广泛的应用。其工作原理是，首先根据实际情况选择数学模型，然后根据最小二乘法估计响应的系数，就可得到最初的响应曲面方程；再根据显著性检验值的大小，分析方程中对目标函数产生显著影响的因素。下面选择二次响应曲面方程，并考虑所有的一次项、二次项和两两交叉项。

微量润滑铣削过程中，影响刀具磨损的因素主要有铣削速度、铣削深度、每齿进给量及润滑剂的使用量，则响应曲面方程可表示为

$$B = a_0 + \sum_{i=2}^{4} a_i x_i + a_1 v + \sum_{i=2}^{4} a_{ii} x_i^2 + a_{11} v^2 + \sum_i \sum_j a_{ij} x_i x_j + \sum_j a_{1j} v x_j \qquad (3\text{-}2)$$

式中，B 为刀具后刀面磨损量；a_0、a_1、a_i、a_{ii}、a_{11}、a_{ij}、a_{1j} 为系数；v 为铣削速度；x_2 为铣削深度；x_3 为每齿进给量；x_4 为润滑剂用量。

每个因素选择 5 个水平，并采用中心复合设计试验，对应试验结果采用响应曲面法计算回归系数。通过试验及拟合分析，确定 v、x_2、x_3、x_4、x_4^2 为显著影响因子。由此可得出微量润滑切削时刀具后刀面磨损量数学模型：

$$B = 0.146983 + 0.025254v + 0.054887x_2 +$$
$$0.017187x_3 - 0.012971x_4 + 0.008691x_4^2 \qquad (3\text{-}3)$$

由上述模型可以得到，刀具磨损量与铣削深度、铣削速度及每齿进给量呈线性关系，也即刀具磨损量随上述因素的增加而增加。而刀具磨损量与润滑剂使用量呈非线性关系，说明润滑剂的使用量存在一个最优值，而这一直是微量润滑切削领域研究的热点。通过试验对已得出的数学模型进行验证，在选定铣削速度、铣削深度、每齿进给量的基础上，研究润滑剂使用量对刀具后刀面磨损量的影响，并确定该材料铣削加工时润滑剂的最佳使用量。

由微量润滑的渗透机理分析，在特定加工条件下，刀具-切屑、刀具-工件接触面间形成的毛细管数量一定，则需要填充满毛细管的润滑剂用量，也即润滑剂最佳使用量是一定的。刀具后刀面磨损量随润滑剂用量变化曲线如图 3-15 所示（铣削速度 $v = 150.8 \text{m/min}$，铣削深度 $x_2 = 0.6 \text{mm}$，每齿进给量 $x_3 = 0.06 \text{mm/z}$），因模型中忽略了不显著影响因子，故试验值相比拟合值偏高。此外，喷嘴与加工区域存在一定距离造成部分油粒飘散，所以润滑剂用量相比实际加工区域的需求用量偏低。由图 3-15 可知，刀具后刀面磨损量随润滑剂使用量的增加逐渐降低，但降低的趋势缓慢，说明继续增加润滑剂用量对刀具后刀面磨损的抑制作用降低。拟合曲线存在刀具后刀面磨损的最低点，对应用量为 185mL/h。在润滑剂用量低于 185mL/h 时，切削区润滑不充分，切削区环境恶劣，刀具后刀面磨损量高。当润滑剂用量高于 185mL/h 时，润滑充分但部分润滑剂被浪费。润滑剂用量接近 185mL/h 时，既可保证刀具寿命又不会造成资源浪费。

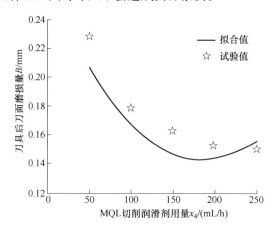

图 3-15　刀具后刀面磨损量随润滑剂用量变化曲线

▷▷ 3.3.2　润滑剂用量优选案例

微量润滑技术的主要特征在于润滑剂用量极低，从量级来看一般为 mL/h，而传统浇注式切削液用量量级为 L/min。然而，在实际微量润滑切削时润滑剂的具体用量优化研究还不够深入，不能充分发挥微量润滑技术的优势。通过开展铣削试验研究，对比不同润滑剂用量下的切削性能，并对具体工况下的微量润滑剂用量进行优化。

试验选取材料为球墨铸铁 QT700-2，该材料是一种珠光体型球墨铸铁，具有较高的耐磨性和强度、低韧性、低塑性，其综合性能优异并与钢相接近。

本试验的目的在于研究球墨铸铁 QT700-2 铣削的最佳润滑剂用量。试验参数见表 3-8，切削试验现场如图 3-16 所示。

表 3-8　球墨铸铁 QT700-2 铣削试验参数

机　床	VMC0850B
材料	球墨铸铁 QT700-2，170mm×120mm×40mm
刀具	KENNAMETAL，四齿，ϕ16mm
切削速度 v_c	3m/s
每齿进给量 f_z	0.028mm/z
切削深度 a_p	0.3mm
切削宽度 a_e	16mm
切削类型	干式切削 MQL 切削，不同润滑剂用量 传统浇注式切削，乳化液约为 20L/min

图 3-16　切削试验平台及球墨铸铁 QT700-2 切削试验现场

▶▶1. 球墨铸铁 QT700-2 的最佳润滑剂用量理论值

在本试验设定的铣削参数下（即 $v_c = 3$m/s，$f_z = 0.028$mm/z，$a_p = 0.3$mm），进行了球墨铸铁 QT700-2 的铣削试验，收集了相应切屑，并利用 3D 表面轮廓仪进行观测（图 3-17）。将所得数据读入 MATLAB 软件进行处理后，获得 123 个样本数据。其毛细管宽度期望值 $E(w_{QT}) = 4.8788\mu$m，毛细管横截面面积期望值

第❸章

微量润滑技术应用基础

$E\ (S_{QT})\ =\ 2.5136\mu m^{2}$。假设 $k_{ch}=1m/s$，$v_{ch}=3m/s$，通过填充毛细管所需润滑

剂的理论值$\left(Q_{0}=\dfrac{V_{oil}}{t_{ca}}=\dfrac{n_{ch}l_{ca}E\ (S)}{\dfrac{l_{ca}}{v_{ch}}}=\dfrac{k_{ch}a_{p}v_{ch}E\ (S)}{E\ (w)},\right)$可计算得到球墨铸铁 QT700-2

在该切削参数下的最佳润滑剂用量理论值 $Q_{0}=0.556mL/h$。

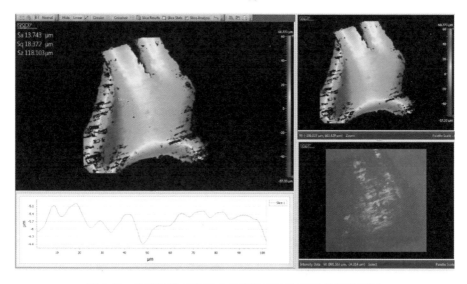

图 3-17　球墨铸铁 QT700-2 切屑外弧面表面形貌测试界面

⊯ 2. 铣削力

在切削参数为 $v_{c}=3m/s$，$f_{z}=0.028mm/z$，$a_{p}=0.3mm$ 的条件下进行球墨铸铁 QT700-2 铣削试验。不同润滑剂用量的微量润滑切削和传统浇注式切削两种冷却润滑方式下，铣削球墨铸铁 QT700-2 的三向铣削力和切削合力如图 3-18 所示。当微量润滑剂用量为 30.6mL/h 时，润滑不够充分，三向铣削力和切削合力均处于较高值。而此时的铣削力值与传统浇注式切削相差不大，说明微量润滑雾粒有效渗透切削区，使刀具-切屑、刀具-工件界面得到有效润滑，因此以较低的润滑剂用量达到了传统浇注式切削的铣削力水平和润滑性能。

随着润滑剂用量提高到 66.2mL/h 时，三向切削力和切削合力均呈下降趋势，其中切削合力从 30.6mL/h 时的 86.7353N 下降到 66.2mL/h 时的 74.4662N，下降了 14.1%。说明此时切削区的刀具-切屑、刀具-工件界面得到了充分润滑，减小了三向铣削力。值得注意的是，此时将润滑剂用量略微提高到 67.2mL/h 时，三向铣削力和切削合力均有较大增长并接近浇注式切削的水平，与 66.2mL/h 时的情况相比，X、Y、Z 方向三向铣削力分别提高了 17.2%、

27.8%、15.4%，切削合力提高了 18.4%。继续提高润滑剂用量到 71.7mL/h 时，三向铣削力仅略有下降。这说明当润滑剂用量达到了 66.2mL/h 后，切削区界面的毛细管已充分填充，润滑充分，可在保证润滑性能的同时，降低切削现场油雾浓度，实现资源的节约。若继续增加润滑剂用量，则造成润滑剂雾粒粒径增大，使其对切削区的渗透效果变差，从而与传统浇注式切削的连续流体渗透情况相近，因此增加润滑剂用量反而降低了润滑效果，增大了三向铣削力，不利于切削过程的平稳进行并造成了资源浪费，无法充分发挥微量润滑的技术优势。

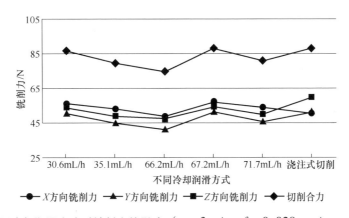

图 3-18　不同冷却润滑方式对铣削力的影响 （$v_c = 3\mathrm{m/s}$，$f_z = 0.028\mathrm{mm/z}$，$a_p = 0.3\mathrm{mm}$）

▶▶▶ 3. 表面粗糙度

不同冷却润滑方式对已加工表面粗糙度 Ra 值的影响如图 3-19 所示。在干式切削的条件下，没有润滑剂的润滑作用，切削界面为金属与金属间的直接摩擦，因此切削温度较高，切削力值较大，切削过程不平稳，已加工表面粗糙度值最大。微量润滑铣削则充分利用润滑剂的润滑特性，使已加工表面粗糙度值得到明显减小。当微量润滑剂用量从 18.6mL/h 增加到 66.2mL/h 时，尽管在 35.1mL/h 时表面粗糙度值略有上升，但总体呈下降趋势。说明微量润滑雾粒有效的渗透作用，使刀具-切屑、刀具-工件界面摩擦力降低，材料塑性变形程度得到减小，因而切削过程逐渐平稳，表面粗糙度值减小。与传统浇注式切削所得 $Ra = 0.23\mu\mathrm{m}$ 相比，润滑剂用量为 66.2mL/h 时获得的表面粗糙度 $Ra = 0.22\mu\mathrm{m}$，略低，说明微量润滑可以达到甚至超过传统浇注式冷却润滑方式的切削性能。继续提高润滑剂用量对表面粗糙度值的减小并没有起到促进作用，反而造成了表面粗糙度值的增大。说明此时微量润滑剂用量已经超过最佳值，过量的润滑剂使雾粒的渗透性能下降，难以充分填充切削区界面毛细管，因此降低了微量润滑的润滑性能，造成表面粗糙度 Ra 值的增大。

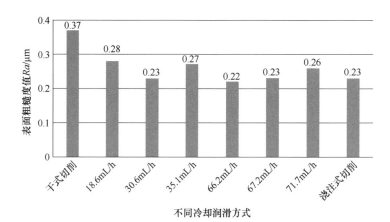

图 3-19　不同冷却润滑方式对表面粗糙度的影响（$v_c = 3\mathrm{m/s}$，$f_z = 0.028\mathrm{mm/z}$，$a_p = 0.3\mathrm{mm}$）

3.4　微量润滑喷嘴方位

　　由于喷嘴的方位对加工效果影响显著，需要确定喷嘴的最佳位置及喷射角度。下面将建立铣削加工外部微量润滑喷嘴方位的数学模型。

　　气雾外部微量润滑的喷嘴设置方式示意图如图 3-20 所示，其中，d 为喷嘴距切削区的距离；α 为喷嘴的仰角。图 3-21 所示为喷嘴设置方式的 Z 向视图，其中，β 为喷嘴喷射方向与刀具进给方向的夹角；B 为切削宽度；R 为刀具半径；θ 为喷嘴雾化角度。

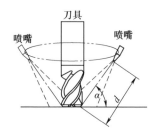

图 3-20　气雾外部微量润滑喷嘴设置方式示意图

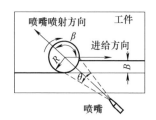

图 3-21　喷嘴设置方式的 Z 向视图

▷ 3.4.1　微量润滑的喷嘴方位模型

　　本小节构建了微量润滑方式下喷嘴喷射方向与进给方向的夹角 β、喷嘴的仰

角 α 和喷嘴距切削区的距离 d 的几何模型。

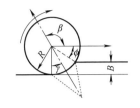

▷▷ **1. 喷射方向与进给方向的夹角 β**

图 3-22 所示为喷嘴设置方式 Z 向简化视图。

为使微量润滑油雾达到最优的润滑效果，理论上要求喷嘴正对切削区且应使整个切削区在微量润滑油雾的包裹之中。

图 3-22 喷嘴设置方式 Z 向简化视图

喷射方向与进给方向夹角 β 和刀具半径 R、切削宽度 B 的关系如下：

$$\beta = \pi - \left(\arcsin \sqrt{\frac{B}{2R}} + \arcsin \left| \frac{R-B}{R} \right| \right) \tag{3-4}$$

所以，当刀具半径和切削宽度给定时，可以通过式（3-4）计算出最佳的喷射角度。

由于实际加工中，切削宽度 B 满足：

$$0 < B < 2R \tag{3-5}$$

得出喷射方向与进给方向的夹角 β 的选取范围为

$$\frac{\pi}{2} < \beta < \pi \tag{3-6}$$

▷▷ **2. 喷嘴的仰角 α**

气雾外部微量润滑的喷嘴仰角设置如图 3-23 所示，其中，R_c 为切屑的曲率半径；h_c 为切屑的高度。

假设切屑的弯曲变形统一近似为 C 形。在较小的仰角下，切屑会阻碍喷嘴喷出的油雾进入切削区，而在大的仰角下，润滑剂可顺利进入切削区。由此分析，喷嘴的仰角 α 须满足：

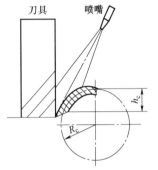

图 3-23 喷嘴仰角设置示意图

$$\alpha \geqslant \arccos(1 - h_c/R_c) \tag{3-7}$$

在实际加工过程中，仰角过大，喷嘴会与刀具或刀柄发生干涉。那么，在喷嘴仰角一定的情况下，可以改变切削参数使切屑高度（曲率）降低以达到润滑剂有效进入切削区的目的。

▷▷ **3. 喷嘴与切削区的距离 d**

不同喷嘴距离的雾化区域如图 3-24 所示。距离较短时，因为雾化角一定，所以润滑区可能低于切削区；距离较大时，有部分雾粒飞散至空气中，这不仅造成了资源浪费，而且污染了加工区域的环境。此外，距离过大时，由于润滑剂使用量一定，所以喷射至切削区的油量有所降低，也会在一定程度上影响切削效果。

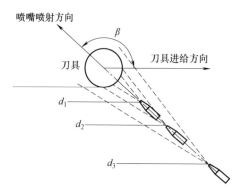

图 3-24 不同喷嘴距离的雾化区域示意图

在最佳喷射角度（β）时，为使切削区得到充分润滑，通过几何运算得到喷嘴与切削区距离公式为

$$d \geqslant \frac{\sqrt{2BR}}{2\tan\left(\theta/2\right)\cos\alpha} + \frac{\sqrt{\left|R^2 - \dfrac{BR}{2}\right|}}{\cos\alpha} \tag{3-8}$$

3.4.2 微量润滑系统喷嘴方位优化案例

为研究低温微量润滑系统喷嘴方位参数对其切削性能的影响程度，采用正交试验的设计方法，以喷射角度 β、喷嘴仰角 α 和喷射距离 d 这三个参数为试验因素，每个因素取 3 个水平，对于因素间的交互作用暂时不予考虑，把各因素间的交互作用合并到误差列。各试验因素水平见表 3-9。表 3-10 给出了本组正交试验的试验条件和相关的参数设置。

表 3-9 各试验因素水平

水　平	因　素		
	A（喷射角度）/（°）	B（喷嘴仰角）/（°）	C（喷射距离）/mm
1	60	30	10
2	120	45	20
3	180	60	30

本组正交试验中，以铣削 10min 后的后刀面平均磨损量 VB 和已加工表面粗糙度 Ra 均值为检测指标，同样属于多指标问题。下面采用信噪比（S/N）来表征试验指标，分别用 η_V 和 η_R 来表征本组试验测得的后刀面平均磨损量 VB、已加工表面粗糙度 Ra 值，计算公式为

$$\eta_V = -10\lg(VB)^2 \tag{3-9}$$

$$\eta_R = -10\lg(Ra)^2 \tag{3-10}$$

通过综合评分法转变为单指标问题，η_M 表示信噪比（S/N），其计算公式为

$$\eta_M = \omega_V\eta_V + \omega_R\eta_R \tag{3-11}$$

式中，ω_V 和 ω_R 分别为后刀面平均磨损量 VB 值和已加工表面粗糙度 Ra 值的权重。由于 VB 单位为 mm、Ra 单位为 μm 时，两者在本试验中的数值变动范围相差不大，故 ω_V 和 ω_R 均取为 0.5，即可粗略认为分析中同等重要地考察了后刀面磨损量和已加工表面粗糙度。

表 3-10　正交试验条件设置

机床	VMC0850B
材料	30CrNi2MoVA 钢
刀具	硬质合金机夹刀（两齿），φ20mm
主轴转速	2000r/min
铣削深度	1mm
铣削宽度	4mm
进给速度	100mm/min
低温微量润滑系统参数	冷风温度为-30℃；润滑剂用量 80mL/h；气体压力 0.4MPa

各个因素和水平下的试验结果及信噪比（S/N）结果见表 3-11。

表 3-11　各因素和水平下的试验结果及信噪比结果

编号	因素水平				试验指标		信噪比（S/N）		
	A	B	C	误差	VB/mm	Ra/μm	η_V/dB	η_R/dB	η_M/dB
1	1	1	1	1	0.215	0.29	13.35	10.75	12.05
2	1	2	2	2	0.225	0.31	12.96	10.17	11.565
3	1	3	3	3	0.24	0.325	12.4	9.76	11.08
4	2	1	2	3	0.22	0.3	13.15	10.46	11.805
5	2	2	3	1	0.235	0.32	12.58	9.9	11.24
6	2	3	1	2	0.2	0.25	13.98	12.04	13.01
7	3	1	3	2	0.245	0.33	12.22	9.63	10.925

（续）

编　号	因素水平				试验指标		信噪比（S/N）		
	A	B	C	误　差	VB/mm	Ra/μm	η_V/dB	η_R/dB	η_M/dB
8	3	2	1	3	0.21	0.28	13.56	11.06	12.31
9	3	3	2	1	0.223	0.305	13.03	10.31	11.67
$\overline{K_1}$	11.565	11.593	12.457	11.653					
$\overline{K_2}$	12.018	11.705	11.680	11.833					
$\overline{K_3}$	11.635	11.920	11.082	11.732					
R	0.453	0.327	1.375	0.180					

注：$\overline{K_1}$、$\overline{K_2}$、$\overline{K_3}$为对应各因素水平 1、2、3 下的信噪比 η_M 的均值。R 为 $\overline{K_1}$、$\overline{K_2}$、$\overline{K_3}$ 的极差。

▶ 1. 极差分析

对本组正交试验结果的极差分析见表 3-11。由极差分析的结果可以看出，因素 C 对试验指标的影响程度最大，其次是因素 A，因素 B 对试验指标的影响是三个因素中最小的。由方差分析的结果同样可知，误差对于本组正交试验的影响很小，因素间的交互作用对试验指标的影响很小。

各因素的效应曲线如图 3-25 所示。因素中拥有最高信噪比的水平即为最优水平，由图 3-25 可知，本试验的最优切削参数为 A2、B3、C1。即针对指标刀具后刀面磨损量 VB 值，本试验条件下，最优的组合：喷射角度为 120°，喷嘴仰角为 60°，喷射距离为 10mm。

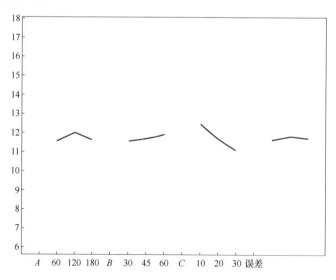

图 3-25　各因素的效应曲线

⋙ 2. 方差分析

本组正交试验中各因素的方差分析结果见表 3-12，显著性水平 $\alpha = 0.05$。

表 3-12　各因素的方差分析结果

因　　素	偏差平方和	自　由　度	F 比	F 临界值	贡献率（%）
A（喷射角度）	0.357	2	7.286	19.000	9.00
B（喷嘴仰角）	0.165	2	3.367	19.000	3.39
C（喷射距离）	2.852	2	58.204	19.000	81.89
误差	0.049	2	1.000	19.000	5.72

注：F 为方差分析中均方与自由度的比值，F 临界值是显著性水平为 0.05 的 F 值，F 比为 F 值与 F 临界值的比值。

由表 3-12 可以看出，低温微量润滑喷嘴与切削区的距离（d）对试验结果的贡献率最大，达到 81.89%；其次是喷嘴的喷射角度（β），占 9.00%。所以，对于低温微量润滑的喷嘴设置，首先应该优先设置喷嘴与切削区的距离满足最佳要求；其次要考虑喷嘴喷射方向与进给方向的夹角接近理论算出的最优夹角。由表 3-12 可以看出，喷嘴仰角（α）对试验结果的贡献率仅为 3.39%，所以在本试验条件下，指标对喷嘴仰角在 30°~60°的变化并不敏感，实际加工中可以根据优先顺序和便捷原则选择喷嘴仰角在 30°~60°即可。

此外，从方差的分析结果可以看出，误差对试验结果的贡献率为 5.72%，对试验结果的影响不显著，且 F 值相对其他主要影响因素较小的情况下，不再考虑各因素间的交互作用，认为选择的模型是合理的。

上述内容研究了单喷嘴情况下喷嘴的喷射距离和角度对微量润滑加工效果的影响，此外，微量润滑喷嘴数量对加工效果影响同样显著。因此，国内外学者针对微量润滑喷嘴数量对加工性能的影响进行了相关研究。穆英娟等在对火箭箭体壁板材料进行铣削加工中，采用微量润滑外置式双喷嘴设计，喷射方向分别为对准刀具前刀面和后刀面，能够保证较大数量的雾滴进入切削区域，起到了良好的润滑作用。Wu 等设计了三种微量润滑喷雾方式，分别是采用单喷嘴针对后刀面（MQL-F）、前刀面（MQL-R）以及双喷嘴针对前刀面和后刀面（MQL-FR）的喷射方式，分析了其在硬化模具钢高速铣削中的切削力和刀具磨损。结果表明：使用 MQL-R、MQL-F 和 MQL-FR，铣削力和刀具磨损值依次降低，前刀面润滑更好，导致切屑曲率半径更小。三种方法中双喷嘴 MQL-FR 方法是最佳方法，能有效降低切削接触应力和切削比能，明显减少黏着、剥落等磨损现象。实际工程应用中，除了可以采用以上双喷嘴方式外，还可以根据具体加工对象结构尺寸、材料以及加工方式等，采用盘环式多喷嘴或者其他形式和不同数量的喷嘴。

参 考 文 献

[1] MWFSAC（OSHA）. Metalworking fluids safety and health best practice manual［S］. Washington DC：Occupational Safety and Health Administration，2008.

[2] 中华人民共和国环境保护部. 环境空气质量标：GB 3095—2012［S］. 北京：中国环境科学出版社，2016.

[3] 全国金属切削机床标准化技术委员会. 金属切削机床 油雾浓度的测量方法：GB/T 23574—2009［S］. 北京：中国标准出版社，2010.

[4] RAHIM E A，SASAHARA H. A study of the effect of palm oil as MQL lubricant on high speed drilling of titanium alloys［J］. Tribology International，2011，44（3）：309-317.

[5] TAI B L，DASCH J M，SHIH A J. Evaluation and comparison of lubricant properties in minimum quantity lubrication machining［J］. Machining Science and Technology，2011，15（4）：376-391.

[6] WAKABAYASHI T，ATSUTA T，TSUKUDA A，et al. Cutting performance of oxygen-including compounds in MQL machining of aluminum［J］. Key Engineering Materials，2012，523/524：967-972.

[7] SUDA S，YOKOTA H，INASAKI I，et al. A synthetic ester as an optimal cutting fluid for minimal quantity lubrication machining［J］. CIRP Annals，2002，51（1）：95-98.

[8] 陈建文，张志伟，王长周，等. 液体黏度和表面张力对雾化颗粒粒径的影响［J］. 东北大学学报（自然科学版），2010，31（7）：1023-1025.

[9] 姜立. 微量润滑的流程分析及应用于外螺纹车削的试验研究［D］. 上海：上海交通大学，2013.

[10] ISKANDAR Y，TENDOLKAR A，ATTIA M H，et al. Flow visualization and characterization for optimized MQL machining of composites［J］. CIRP Annals，2014，63（1）：77-80.

[11] TASDELEN B，WIKBLOM T，EKERED S. Studies on minimum quantity lubrication（MQL）and air cooling at drilling［J］. Journal of Materials Processing Technology，2008，200（1-3）：339-346.

[12] GAITONDE V N，KARNIK S R，DAVIM J P. Selection of optimal MQL and cutting conditions for enhancing machinability in turning of brass［J］. Journal of Materials Processing Technology，2008，204（1-3）：459-464.

[13] 张春燕. MQL 切削机理及其应用基础研究［D］. 镇江：江苏大学，2008.

[14] 穆英娟，郭国强，胡蒙，等. 贮箱壁板材料高速铣削加工表面质量试验分析［J］. 工具技术，2018，52（5）：60-62.

[15] WU S, LIAO H, LI S, et al. High-speed milling of hardened mold steel P20 with minimum quantity lubrication [J]. International Journal of Precision Engineering and Manufacturing-Green Technology, 2021, 8 (5): 1551-1569.

第 4 章

——

复合微量润滑技术

微量润滑技术尽管有种种优点，但在特定工况下单独使用时也存在诸多局限性：

1）微量润滑技术会存在冷却性能不足的问题，尤其是加工难加工材料时，切削区温度高的问题难以解决。

2）在冷却不充分的情况下，由于切削区的高温作用，润滑剂会发生润滑油膜破裂、润滑失效的问题。

3）最佳润滑剂用量难以确定，很容易出现润滑不充分的现象。

如果将其他冷却方法与微量润滑技术有效结合，充分利用各种冷却介质创造低温环境、提高传热效率以降低切削区的温度，利用微量润滑剂的润滑特性减小摩擦，则可在切削区同时实现冷却和润滑。

4.1 低温微量润滑技术

低温微量润滑技术是将低温切削加工与微量润滑技术相结合的一种切削加工冷却润滑方法。该技术将各种低温介质与微量润滑雾粒混合，喷射到加工区，代替大量切削液对切削区进行冷却和润滑。这种低温微量润滑技术既可利用MQL技术优异的润滑剂渗透特性，减小刀具-工件和刀具-切屑之间的摩擦，也可利用低温介质为切削区提供低温环境，减小切削区温升，起到抑制润滑剂受热失效的作用。从国内外文献来看，采用低温微量润滑技术在抑制刀具磨损、降低切削力和切削温度等方面具有优势，可有效改善加工状态。常用的几种产生低温介质的方法主要包括低温冷风、N_2、低温 CO_2 等。

4.1.1 低温微量润滑技术切削机理

在一定切削参数下，加工某些特定材料时，单独使用微量润滑技术或低温切削技术都能得到较好的试验效果。但同时也发现，在高速切削或加工难加工材料的过程中，必须对切削区实施有效的冷却和润滑。冷却和润滑作用是相辅相成的，缺少润滑作用，单纯使用冷却降低切削力作用有限，刀尖易崩刃，刀具使用寿命短；缺少冷却作用，润滑剂在高温环境里，物理性质发生较大改变，润滑效果会受到影响。因此，低温微量润滑技术将低温切削和微量润滑技术有效结合，也即在低温气流里混入微量的润滑剂雾粒，不仅保障了润滑剂原有的渗透性，其综合作用也降低了切削区内的温度。

1. 润滑剂在毛细管中的受热

一定流量的液态工质进入毛细管后，在局部加热的作用下对应区域出现显著的温升。随着热流密度的升高，液体温度在加热区内已达到或超过核化所需过热度，通道内流体出现沸腾现象，伴随有气泡生成。继续加大热流密度，沸腾在多数毛细管内发生，并且在集中加热区出现核化。受到空间的限制，两相流型以长气泡/弹状流的形式为主，随着加热功率的提高逐渐转变为弹状流/雾状流交替出现，直至完全转变为雾状流动。液体的相变过程如图 4-1 所示。

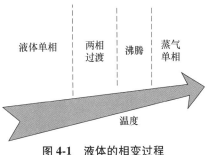

图 4-1　液体的相变过程

毛细管内部过热液体中气泡生长速度很快，Rini 根据试验结果得出，气泡直径是时间的幂函数。刘江涛等测试了 50μm 管道内气泡的生成情况，气泡由出现到直径为 50μm 经历的时间约为 0.3s。

如图 4-2 所示，切削区域毛细管中气泡的出现会将连续的流体分割为断续状，此时的润滑情况与传统浇注切削液无法渗透完全相似，流体分担的金属正压力值变小，润滑的能力减弱。为此，当切削区温度较高时，润滑剂产生相变影响润滑效果，须施加冷却措施以降低切削区内的温度从而保持润滑特性。由此分析，为充分发挥润滑剂的特性，需要确定切削区内的温度（毛细管的加热温度）及润滑剂的相变温度。

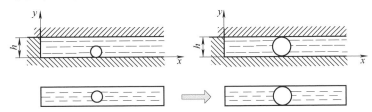

图 4-2　流体相变引起的润滑失效

图 4-3 给出了部分流体的沸点。由于润滑油和乳化液多为化合物的混合物，所以沸点不固定，但就乳化液来说，水基润滑液的主要成分为水，所以，其沸点较低。

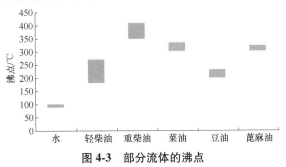

图 4-3　部分流体的沸点

2. 低温微量润滑抑制润滑剂失效的作用

微量润滑产生的微米级雾粒渗透性强，故刀具-切屑及刀具-工件间的摩擦系数较传统浇注式数值低，所以切削区内产生的总热量有所减少。此外，由于低温微量润滑技术使切削区周围的环境温度处于零下几摄氏度到几十摄氏度，则传入切屑、周围空气的热量增加，也就降低了传入刀具内的热量，这无疑会对降低刀尖处温度、抑制刀具磨损起到非常重要的作用。

低温微量润滑技术提供的低温介质可以改变工作区的环境温度，而润滑剂则可以降低摩擦系数。因此，低温微量润滑技术将低温切削效果及微量润滑有效结合，在一定程度上降低了润滑剂在微通道内产生相变失效的可能性。

4.1.2　低温冷风微量润滑技术

1. 低温冷风微量润滑系统

低温冷风微量润滑（Minimum Quantity Lubrication with Cooling Air，MQL-CA）系统主要包括微量润滑系统和低温冷风系统两部分。图 4-4 所示为外部微量润滑系统与低温冷风系统结合组成的低温冷风微量润滑系统示意图。

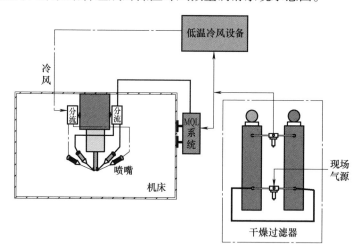

图 4-4　低温冷风微量润滑系统示意图

图 4-5 所示为著者自行设计研制，用于组建低温冷风微量润滑系统的微量润滑装置和低温冷风装置。该系统具有体积小、起动快、成本低、与机床集成简便易行等特点，还可根据工况灵活组合形成多套低温冷风微量润滑系统。

该微量润滑系统工作时只需要压缩空气作为动力，无需电能消耗。其在输入压力为 0.4~0.7MPa 时，可实现 0~100mL/h 润滑剂流量的连续调节。

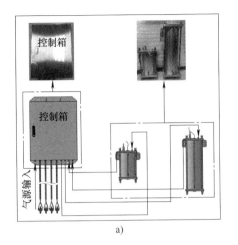

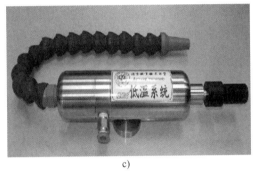

图 4-5 著者研制的微量润滑装置和低温冷风装置

a) 微量润滑装置 b) 双级蒸气压缩式低温冷风装置 c) 小型低温冷风装置

双级蒸气压缩式低温冷风装置如图 4-5b 所示。该装置输入为常温压缩空气，要求压缩空气压力在 0.4MPa 以上，最大输出冷风量可达 $3m^3/min$，可实现 $-50\sim$ $0℃$ 的无级调温。

著者还利用涡流管原理设计并制作了小型低温冷风装置，如图 4-5c 所示。涡流管原理示意图如图 4-6 所示。

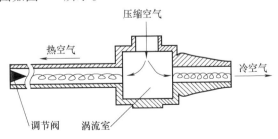

图 4-6 涡流管原理示意图

该小型低温冷风装置的制冷指标见表 4-1。

表 4-1　小型低温冷风装置的制冷指标

气　流　量	$0.2 \sim 0.7 m^3/min$
温度差（出口温度与入口温度差）	$-40 \sim 0℃$
温度波动	$-1.5℃ \leqslant \Delta T \leqslant 1.5℃$

注：实际温度差与气源参数密切相关。

20 世纪 20 年代，涡流管现象由法国科学家乔治·朗格（George Ranque）发现，在经历了近百年的研究后，涡流管制冷技术被广泛应用，进而研发了涡流管（又称为涡旋管、涡流制冷管、涡旋制冷管）。该技术利用压缩空气就能产生低温冷气流，部件小，操作十分简单，管内为纯机械结构，无污染，完全绿色化。涡流管内不存在活动部件和摩擦单元，故无磨损，使用寿命长。下面介绍其工作原理。经过压缩并冷却到常温的气体进入喷嘴，在喷嘴中膨胀并加速到声速，从切线方向射入涡流室，形成自由涡流。自由涡流的旋转角速度越靠近中心越大，由于角速度不同，在自由涡流的层与层之间就产生了摩擦。中心部分的气流角速度最大，摩擦结果是将能量传递给外层角速度较低的气流，中心部分的气流失去能量，动能低，速度降低，温度降低，通过涡流管中心的孔板从一端引出，得到制冷需要的冷气流。而外层部分的气流获得动量，动能增加，同时又与涡流管壁摩擦，将部分动能转换成热能，从涡流管的另一端通过控制阀被引出，形成热气流。可以通过控制阀，调节冷热两股气流的流量和温度。

》2. 低温冷风微量润滑技术在难加工材料切削中的应用

难加工材料如高温合金、钛合金、不锈钢、高强钢等，通常具有强度高、抗氧化能力强、耐高温等特点，它们在满足高性能的使用要求的同时，也给切削加工带来了一系列难题。在加工难加工材料时，切削区温度很高，刀具寿命短，零件表面质量一般难以达到目标要求。使用大量切削液的传统冷却方式对环境污染严重，同时切削液的使用会造成刀具表面的急冷冲击，引发崩刃、微裂纹等问题，加速了刀具磨损。低温冷风微量润滑切削技术在难加工材料的切削加工上体现了一定的优越性，在某些切削条件下，其既可以满足零件加工质量的要求，提高加工效率和刀具使用寿命，又可大幅度减少切削液的使用量。

（1）低温冷风微量润滑技术在高温合金切削上的应用　高温合金按基体金属可分为铁基高温合金、镍基高温合金和钴基高温合金。高温合金具有优良的耐高温、耐蚀特性，经常应用在飞机、火箭等的关键件中。高温合金具有热导率低、加工硬化严重、切削时黏结现象严重、刀具磨损剧烈等特点。为提高高温合金材料的加工特性，加工时通常采取的措施有：

1）选择高性能刀具并保证切削刃锋利。

2）切削用量不宜过大，一般为中低速，可以适当增加切削深度。

3）需要提供切削液等制冷措施。

4）使用具有良好刚性和较高功率的机床。

由于高温合金应用范围广泛，但其加工性能极差，国内外许多学者对该材料的低温加工特性做了较为深入的研究。Kim 和 Zhong 使用低温切削高温合金 GH4169，延长了刀具寿命的同时，提高了工件的表面质量。著者在使用低温冷风微量润滑切削高温合金 GH4169 上做了大量研究，在所选定的切削参数下，使用低温冷风微量润滑切削 GH4169 可以显著降低切削力和减小已加工表面粗糙度值，提高刀具寿命，并且工件加工硬化现象也有所改善。

（2）低温冷风微量润滑技术在钛合金切削上的应用 钛合金因其比强度高、耐蚀性好、耐热性高等特点而被广泛用于各个领域。钛合金的主要切削性能包括导热性能低，冷硬现象严重，高温时与气体发生剧烈化学反应，塑性低，弹性模量小，弹性变形大等。切削钛合金材料时，黏刀现象明显，切屑卷曲不易快速排除。

低温切削钛合金的方式多采用液氮或低温冷风切削，Nandy 等使用低温冷风混合一定润滑剂车削加工钛合金 TC4，并与工厂车间内的传统加工方式进行对比，发现此方法不仅降低了车削力，提高了刀具寿命，而且在断屑、排屑方面优势突出。著者采用自主研发的低温冷风微量润滑系统进行了一系列的钛合金 TC4 铣削试验，分别采用了五种冷却润滑方式：干式切削、传统浇注式切削、冷风切削（CA）、微量润滑切削（MQL）和低温冷风微量润滑切削（MQL-CA），并研究了各种冷却润滑方式对刀具磨损、切削力和工件表面质量的影响。试验结果表明：在选定的切削参数下，使用低温冷风微量润滑方式切削钛合金 TC4 能有效减小切削力、刀具磨损，提高刀具寿命，改善已加工表面质量，与传统浇注式切削相比，使用低温微量润滑技术切削钛合金 TC4 的加工效率提高了 20%~30%。

（3）低温冷风微量润滑技术在不锈钢切削上的应用 不锈钢 1Cr18Ni9Ti 的相对可加工性为 0.3~0.5，是一种难切削材料。其切削加工特性主要表现在：

1）高温强度和高温硬度高，在 700℃时其力学性能仍没有明显的降低，故切屑不易被切离，切削过程中切削力大，刀具易磨损。

2）塑性和韧性高，伸长率、断面收缩率和冲击韧度都较高，切屑不易切离、卷曲和折断，切屑变形所消耗的功较多，并且大部分能量转化为热能，使切削温度升高。

3）该材料的热导率低，散热差，由切屑带走的热量少，大部分的热量被刀具吸收，致使刀具的温度升高，加剧刀具磨损。

4）该材料熔点低，易于黏刀，切削过程中易形成积屑瘤，影响加工表面质量。

由于 1Cr18Ni9Ti 的切削加工性很差，特别是在断续切削时，刀具极易产生磨损和黏结破损。著者研究了该种不锈钢在低温微量润滑条件下的切削特性，通过试验比较了不同切削参数下传统切削和低温微量润滑切削的冷却润滑效果。结果表明：在所选的材料和切削参数条件下，采用低温微量润滑切削在抑制刀具磨损和降低切削力方面的效果明显好于传统切削；同时冷风温度对刀具磨损有明显影响，尤其在线速度较大的情况下，冷风温度越低，抑制刀具磨损的效果越好；但冷风温度对切削力的影响较小。

（4）低温冷风微量润滑技术在高强钢切削上的应用　高强钢是指强度及韧性方面结合很好的钢种，抗拉强度一般在 1200MPa 以上，经过调质处理后可获得较高的强度，硬度为 30～50HRC。随着机械工业的发展，对机器和零件的性能要求越来越高，高强钢的使用更加普遍，零件在制造过程中的加工难度日益凸显。高强钢具有以下加工特点：

1）切削力大。高强钢抗剪强度高，变形困难，在相同的切削条件下切削力值是切削 45 钢的 1.17～1.49 倍。

2）切削温度高。切削高强钢产生的切削力较大，消耗能量及产生的切削热较多，并且这种钢材的导热性较差，刀具切削区温度较高。

3）刀具寿命低。高强钢的硬度和抗拉强度高，韧性好。在切削过程中，刀具与切屑的接触长度小，切削区的应力和热量集中，易造成前刀面月牙洼磨损，增加后刀面磨损，导致刃口崩缺或烧伤，刀具寿命降低。

4）断屑性能差。由于高强钢韧性很好，在切削过程中的断屑效果较差，切屑易划伤已加工表面、损坏刀具。

著者就低温冷风微量润滑技术切削高强钢的应用也做了大量研究。通过高强钢 30CrNi2MoVA 的铣削试验比较了干式切削方法、传统浇注式润滑、低温冷风方法和低温冷风微量润滑技术的冷却润滑效果，研究了这几种冷却润滑方式对切削力、刀具磨损、表面粗糙度和切屑形态的影响。试验结果表明：在所选的材料和切削参数条件下，采用低温冷风微量润滑的铣削力仅为传统切削的 60%，并且其可以较好地抑制刀尖处黏结物的产生，降低刀具磨损，提高工件表面质量。试验中观测到使用低温微量润滑方式切削产生的切屑几乎无蓝色区域

（蓝色切屑是高温下切屑被氧化形成的），这说明低温冷风微量润滑方式有效解决了切削高强钢 30CrNi2MoVA 时切削区温度高的难题。

低温冷风微量润滑技术能够提供与传统大量切削液浇注切削相当甚至更好的冷却润滑性能，在适宜的切削参数下，可以更有效地解决切削难加工材料时，切削区温度高、刀具寿命短等难题。它给难加工材料的加工问题提供了一种清洁、高效的解决途径。

▶ 4.1.3　氮气低温冷却微量润滑技术

氮气（N_2）低温冷却润滑切削加工，是以高压氮气作为气源，通过低温气体发生装置或低温微量润滑装置形成低温氮气射流，或通过高压气体将液氮转变为低温氮气射流，在切削加工过程中对切削区进行有效冷却和润滑的一种绿色高能效冷却润滑切削加工方法。氮气低温冷却润滑切削加工技术在钛合金材料高速切削方面具有明显优势，不仅能够显著延长刀具寿命、提升已加工表面质量，而且对环境负面影响小。此外，氮气约占大气总量的 78%，来源丰富，因而使用成本低于切削液。这些优势使其将成为未来极具潜力的机械加工润滑方式之一。

氮气低温冷却润滑作用机理主要表现在以下三个方面：

1）氮气介质的隔氧保护作用。例如在钛合金的高速切削加工过程中，处于高速滑动摩擦状态下的刀具-工件材料摩擦副，由于摩擦接触区的高温高压等作用，摩擦副本身以及摩擦表面与周围环境中的某些元素，特别是氧元素易发生化学反应。因此，高压下的氮气就能很好地起到隔氧保护作用，减少不利于刀具与工件的化学反应。

2）低温氮气微量润滑的冷却作用。高速切削时，切削区的温度很高，可以认为被加工材料的熔点就是切削温度的上限。如高速铣削 TC4 钛合金时，切削区的平均温度高达五六百摄氏度，这样的高温对刀具寿命、加工质量有显著的影响，低温氮气微量润滑在加工过程中能够带走大量热量，有效地降低切削区温度，从而延长刀具使用寿命。

3）低温氮气微量润滑的减摩润滑作用。在切削区的高温高压条件下，摩擦副间存在黏结、峰点接触，形成流体润滑状态的情况是很少的。大多数情况下只能形成边界润滑状态。大量研究表明：采用低温氮气微量润滑技术，可以有效改善刀具-工件接触状态，降低刀具-工件接触区的摩擦系数，因而对降低切削力、切削温度和刀具磨损等具有重要作用。

在 CIMT 2011 展会网站 2011 年 4 月报道中，美国 MAG 工业自动系统集团公司推出了其在低温钛合金加工技术方面取得的研发成果：独特的主轴中心冷却和刀具中心冷却系统。与传统的刀具冷却方式相比，新型冷却系统的效率更高，可显著提高切削速度，从而提高金属去除量，并且可以显著延长刀具使用寿命。其液氮（-196℃）冷却系统可与微量润滑加工相结合，以减少刀具磨损及切屑黏着。该新型冷却系统是强力加工超硬合金工件的理想选择，可用于对钛合金、钛镍合金、球墨铸铁或蠕墨铸铁工件的加工。测试结果表明：在对蠕墨铸铁工件的加工中，使用硬质合金刀具能够实现 60% 的切削速度提升，如果使用聚晶金刚石刀具，甚至可以提高 4 倍。如果再加上微量润滑技术的使用，则可以将硬质合金刀具切削速度进一步提高 3 倍。这一技术已经应用于 F-35 战斗机的制造中。

对于低温液氮结合微量润滑技术在制造加工中的应用，已有大量学者在这方面展开了研究，并取得了一定的成果。

Gupta 等开展了干式、N_2、N_2+MQL 和低温冷风 MQL 条件下的 Ti-6Al-4V 车削性能对比试验研究，试验条件见表 4-2。从刀具磨损、表面粗糙度和切削比能的角度，对不同冷却润滑方式进行了整体比较研究，如图 4-7 和图 4-8 所示。研究结果表明：N_2+MQL 条件下的刀具后刀面磨损低于 N_2 冷却、低温冷风 MQL 和干式条件下的刀具后刀面磨损，此外，干式车削在高速切削时会造成刀具严重损坏；针对所有切削速度和进给速度，在 N_2+MQL 条件下，表面粗糙度值最小，3D 表面形貌分析发现在 N_2+MQL 条件下获得了表面粗糙度值较小的光滑表面；在 N_2+MQL 条件下，切削比能最低，之后依次是低温冷风 MQL、N_2 和干式条件。

表 4-2　车削试验条件

类　　别	规　　格
机床	通用数控车床（功率 6kW，速度范围 200~2000r/min），西门子控制系统
工件	Ti-6Al-4V，ϕ40mm×150mm
刀具	菱形 CNMG 120408（CVD 涂层 TiC_n-Al_2O_3-TiN）
切削速度	100m/min，150m/min
进给速度	0.05mm/r，0.15 mm/r
切削深度，加工时长	0.5mm，30s
切削环境	干式、N_2 冷却（99.9% 氮气）、N_2+MQL（植物油）、低温冷风 MQL
氮气流量	0.5L/min，喷嘴直径 1mm
低温冷风喷嘴+MQL 规格	外径 24mm，出口直径 10mm，长度 122mm；流速 200mL/h，气压 0.6MPa

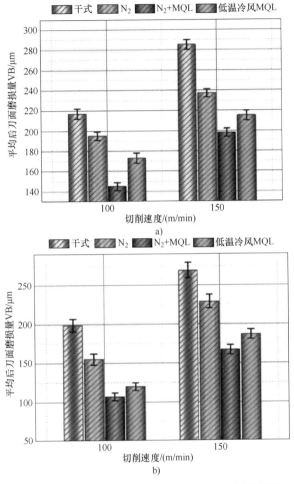

图 4-7 切削速度和冷却条件对平均后刀面磨损量的影响

a）进给速度 0.05mm/r b）进给速度 0.15mm/r

　　苏宇等研究了低温氮气射流对钛合金高速铣削加工性能的影响。在干式、浇注式、常温氮气油雾、低温氮气射流和低温氮气射流结合微量润滑等冷却润滑条件下进行了钛合金的高速铣削对比试验，通过测力仪来观测不同润滑条件下铣削力的大小并借助扫描电子显微镜的检测手段，研究了不同冷却润滑条件下刀具的失效形式。铣削参数、试验条件、冷却方式和润滑条件分别见表 4-3、表 4-4 和表 4-5。结果表明：低温氮气射流和低温氮气射流结合微量润滑均能有效地降低铣削力，如图 4-9 所示，其展示的是不同润滑条件下峰值铣削合力 F_{max} 随铣削长度 L 的变化曲线。使用扫描电子显微镜观察了刀具后刀面的磨损情况，结果显示干式切削存在明显的热裂破损，在常温氮气油雾、低温氮气射流和低温

第 **4** 章

复合微量润滑技术

83

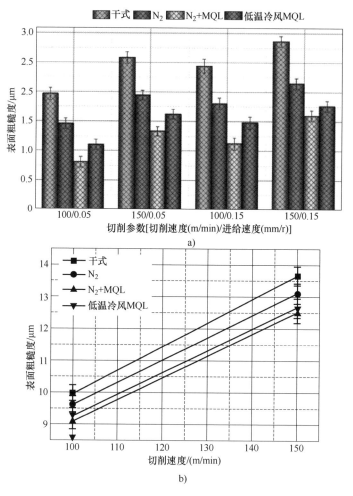

图 4-8　不同切削条件对切削性能的影响

a）切削参数和冷却条件对平均表面粗糙度的影响　b）切削速度和冷却条件对表面粗糙度的影响

氮气射流结合微量润滑等冷却条件下刀具的热裂破损较弱，黏结磨损、扩散磨损是刀具磨损的主要原因。从图 4-10 中可以直接看出低温氮气射流结合微量润滑能够有效延长刀具的使用寿命，是干式切削的 1.4 倍，是常温氮气油雾切削的 1.93 倍。

表 4-3　铣削参数

铣 削 参 数	数　　值
铣削速度v_c/（m/min）	400
每齿进给量f_z/（mm/z）	0.1
切削深度a_p/mm	5
切削宽度a_e/mm	1

表 4-4　试验条件

试 验 条 件	具 体 描 述
机床	瑞士 MIKRON 公司生产的 UCP710 五轴加工中心
工件材料	Ti-6Al-4V，属于高强度 α+β 型钛合金
铣削刀具	Walter 公司的涂层硬质合金镶齿立铣刀 ZDGT150420R，单齿
油雾装置	机床自身的油雾供给装置
测力仪	Kistler 9265B 动态测力仪
扫描电子显微镜	JSM-5610LV
铣削方式	顺铣
铣削油	UNILUB2032
铣削液	Blaser 2000 乳化液

表 4-5　冷却方式和润滑条件

冷 却 方 式	润 滑 条 件
湿式铣削	连续浇注铣削液
干式铣削	不使用铣削油和铣削液
常温氮气油雾铣削	压缩氮气的压力为 0.6MPa，流量为 120L/min，润滑剂的用量为 120mL/h
低温氮气射流铣削	压缩氮气的压力为 0.6MPa，流量为 120L/min，低温氮气温度分别为 0℃ 和-10℃
低温氮气射流结合微量润滑	压缩氮气的压力为 0.6MPa，流量为 120L/min，低温氮气温度为-10℃，润滑剂的用量为 120mL/h

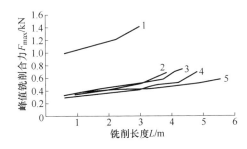

图 4-9　不同冷却润滑条件下 F_{max} 随 L 的变化曲线

1—干式铣削　2—低温氮气射流（0℃）　3—常温氮气油雾

4—低温氮气射流（-10℃）　5—低温氮气射流结合微量润滑

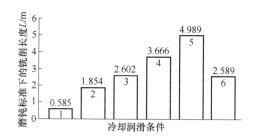

图 4-10 不同冷却润滑条件下刀具寿命的对比

1—湿式铣削 2—干式铣削 3—低温氮气射流（0℃） 4—低温氮气射流（-10℃）

5—低温氮气射流结合微量润滑 6—常温氮气油雾

▶ 4.1.4 低温 CO_2 冷却微量润滑技术

在高压低温条件下将 CO_2 气体液化为液体形态，称为低温 CO_2 或液态 CO_2。低温 CO_2 蒸发时会吸收大量的热，常被用作制冷剂，可以用来保存食品，也可用于人工降雨。它还是一种工业原料，可用于制纯碱、尿素和汽水。低温 CO_2 还应用于冷却剂、焊接、铸造工业、清凉饮料、灭火剂、碳酸盐类的制造等。

MQL 技术中润滑剂喷雾可有效渗入切削区并进行润滑，但 MQL 技术仅使用极微量的润滑剂，故其冷却效果不佳。为提高 MQL 技术的效果并提高其应用性，研究人员提出将低温 CO_2 与 MQL 相结合的新型 MQL 技术，其实现方式主要存在两种，分别是以液态的低温 CO_2 为润滑剂的低温 CO_2 微量润滑技术和将常规的 MQL 技术与气态或液态的低温 CO_2 射流相结合的低温 CO_2 微量润滑技术，并验证了该技术的加工性能。

Cordes、Susanne 等研究了以低温介质 CO_2 为微量润滑剂铣削高温高强度不锈钢。试验采用五轴加工中心，微量润滑剂为 -56.6℃ 液态 CO_2，压力为 0.519MPa，润滑剂用量为 10kg/h。试验使用改良的 Walter 铣刀 F2334R，刀具直径为 50mm，5 齿，刀片为未涂层硬质合金刀片，微量润滑装置为 Rother Technologie GmbH 公司的 AEROSOL MASTER 4000cryolub，试验参数见表 4-6。

表 4-6 试验参数

冷 却 方 式	切削速度/（m/min）	切削宽度/mm	切削深度/mm	每齿进给量/（mm/z）
干式切削	320	30~50	≤3.0	0.4
CO_2+气体	320	30~50	≤3.0	0.4
CO_2+气体	400	30~50	≤3.0	0.55

试验结果表明：在刀具磨损方面，如图 4-11 所示，切削速度为 320m/min，每齿进给量为 0.4mm/z 时，低温加工较干式加工后刀面磨损量 VB 从 0.16mm 降至 0.06mm，减少了 63%；在切削温度方面，如图 4-12 所示，较传统微量润滑方式，使用以 CO_2 为微量润滑剂低温加工的方式可以使切削刃处的温度从 180℃降至 80℃，降低了 55%，刀体的温度从 70℃降至 40℃，也有 43% 的降低。

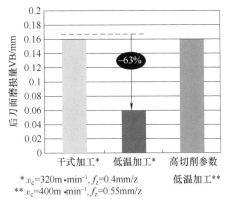

$*$: v_c=320m·min⁻¹, f_z=0.4mm/z
$**$: v_c=400m·min⁻¹, f_z=0.55mm/z

图 4-11　不同冷却方式对后刀面磨损量的影响

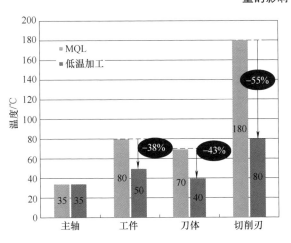

图 4-12　主轴、工件、刀体和切削刃的温度

Sanchez 等提出了结合低温 CO_2 系统和 MQL 的混合 MQL-CO_2 磨削技术，并将其应用在表面磨削过程中。混合 MQL-CO_2 磨削技术的基本原理是通过低温 CO_2 将油滴固定/凝结在磨料的表面。MQL 中应用的是熔点为 253K 的 Biocut 3000 润滑油。润滑油被 MQL 系统雾化并直接喷射在砂轮表面，其关键因素是一个 238K 的 CO_2 喷嘴，用以将油滴凝结在磨料上。观察到的凝结油层如图 4-13 所示，太厚的凝结油层会导致砂轮进入处法向磨削力减小，切向分量增大，因此要控制凝结油层的厚度以保证研磨效果。通过试验研究发现，当 CO_2 流量值为 40L/min 时能够保证凝结油层稳定形成且不易出现入口处法向磨削力减小的现象。

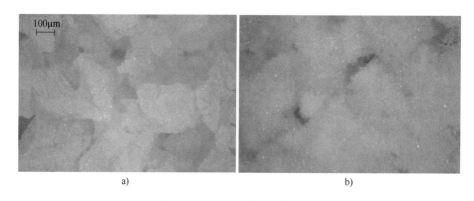

图 4-13 放大 200 倍的砂轮表面

a) 使用 MQL-CO_2 系统之前的磨料 b) 磨料上可观察到的凝结油层

研究发现，MQL-CO_2系统不仅在工具钢 AISI D2 的每个表面研磨试验中都提高了砂轮寿命，而且即使是在 MQL-CO_2条件下使用最恶劣的磨削参数，也比传统浇注式系统使用低效率磨削参数要好。在磨削比方面，使用最恶劣条件的 MQL-CO_2系统的值仍然比使用较好磨削条件的传统浇注式系统要大。与传统浇注式系统相比，新式的 MQL-CO_2 系统能获得更小的表面粗糙度值，能耗方面两者区别不大。然而，MQL-CO_2 系统的法向力较大，这导致使用这项新工艺时切向力与法向力的比值降低了 28%。

为了分析由 MQL-CO_2技术引起的热损伤，测量了磨削加工时工件的次表面温度，并对工件材料进行了预先的金相分析。次表面测量和热流数值分析的结果表明，MQL-CO_2系统引起的逐渐增大的法向力使得接触长度更长，并使得已磨削工件的温度降低。即使新系统测得的表面和次表面材料温度只是略微高于传统条件下测得的值，但除观察到硬度上有最小的损失外，已磨削工件不受产生的额外热量影响，这在金相分析中也得到了验证。

由图 4-14 可以发现，样本基础材料与次表面具有相似的结构，且已磨削表面不同深度下的显微硬度值只有略微上升（见表 4-7），因此可以证明 MQL-CO_2 技术不会对材料造成热损伤。

MQL 技术润滑剂用量极少，经雾化后的润滑剂雾粒能够充分渗入切削区起到良好的润滑作用，但其冷却性能的不足也严重影响了 MQL 的加工性能。通过将低温 CO_2 和 MQL 技术结合，采用 MQL-CO_2能够解决 MQL 在冷却性能上的缺陷，极大地提高 MQL 技术的优越性。

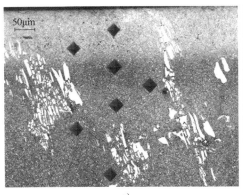 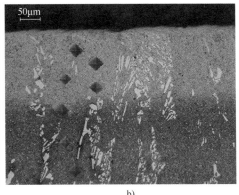

a)　　　　　　　　　　　　　　　　　　　　b)

试验所用工件速度 $v_w = 2m/min$，切削深度 $a_e = 30\mu m$

图 4-14　使用 MQL-CO₂ 技术磨削和传统浇注式磨削后的钢结构显微图像（200×）

a）MQL-CO₂　b）传统浇注式

表 4-7　样本对应的显微硬度结果

MQL-CO₂		浇 注 式	
距离工件表面深度/mm	硬度　HRC	距离工件表面深度/mm	硬度　HRC
0.05	62.1	0.045	61.9
0.095	60.85	0.100	59.7
0.130	58.6	0.140	57.4
0.192	54.8	0.180	55.2
0.238	54.1	0.242	54.3
0.293	57.2	0.295	57.5
0.408	57	0.350	58

4.2　纳米颗粒增强微量润滑技术

4.2.1　纳米颗粒增强微量润滑技术机理

1. 润滑机理

除液态的润滑切削外，铜、石墨、二硫化钼等固体物质因具有良好的润滑性能也作为固体润滑剂被应用到实际生产中，起到减小切削区摩擦、提高刀具寿命的作用。在应用纳米技术将这些固体润滑剂加工成纳米颗粒后，因其具备了纳米颗粒的某些性质，在试验过程中也起到了减摩抗磨的效果。

黄海栋通过对片状纳米石墨作为润滑剂添加剂的摩擦学性能进行研究发现，片状纳米石墨有效地改善了润滑剂的摩擦学性能，并总结了片状纳米石墨的摩擦磨损机理：在摩擦剪切力和法向载荷的作用下，层状晶体结构的石墨层与层之间发生解离，沿着解离平面滑动，并在摩擦副表面形成一层牢固的薄片状物理吸附膜，避免了两个摩擦副的直接接触。随着摩擦副表面粗糙度值上升，片状纳米石墨更易吸附在摩擦表面，形成物理沉积膜，如图 4-15 所示。

图 4-15　片状纳米石墨的摩擦磨损机理

Lee 等总结其他学者的研究成果，归纳出纳米颗粒改善加工性能的两个原因：①直接影响，即纳米颗粒的滑动、滚动和沉积膜作用；②表面增强效应，即纳米颗粒的修复和抛光作用，如图 4-16 所示。

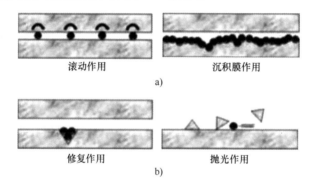

图 4-16　纳米颗粒增强润滑作用机理

为深入了解纳米颗粒的直接影响和表面增强效应的区别，在摩擦磨损试验机上试验研究富勒烯纳米粒子对矿物油基润滑剂的增强作用。试验机上装有旋转平台和固定平台，圆盘由灰铸铁 GC200 制成，表面不经处理。试验前润滑剂的温度为 40℃，旋转平台转速为 1000r/min，施加双峰载荷，范围为 200~800N，以 200N 的梯度变化，每次载荷持续时间为 30min。富勒烯纳米颗粒的平均尺寸为 10nm，润滑剂中纳米颗粒的体积分数为 0.1%。试验中，摩擦系数的变化情况如图 4-17 所示。

对比试验 1 和试验 3 可明确纳米颗粒直接作用的效果。在矿物油中，摩擦系

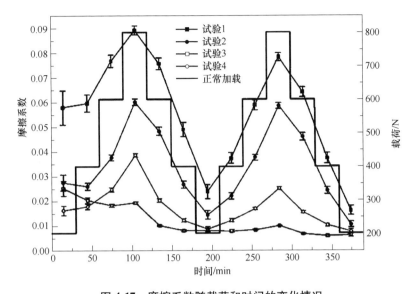

图 4-17　摩擦系数随载荷和时间的变化情况

试验 1—矿物油中第一次试验　试验 2—矿物油中第二次试验

试验 3—纳米颗粒-矿物油中第一次试验　试验 4—试验 3 的试样矿物油中第二次试验

数与载荷大小有明显联系，但在纳米颗粒-矿物油中摩擦系数与载荷大小仅有微弱联系。这可解释为载荷增大，盘间碰撞增加，纳米颗粒的滑动和滚动作用明显降低了表面间的摩擦系数。与矿物油相比，载荷为 200N 时，摩擦系数降低了 67%，载荷为 800N 时，摩擦系数降低了 88%。

为明确矿物油和纳米颗粒-矿物油的表面强化效应，将试样进行第二次试验。试验 2 中的摩擦系数与试验 1 相比降低了 33%，这是因为矿物油具有的减摩抗磨作用。试验 4 中，摩擦系数随载荷上升有小幅度上升。载荷为 800N 时，摩擦系数是在纳米颗粒-矿物油中的 2 倍，但相较于矿物油，仍有 30% 的降低，这表明纳米颗粒的表面强化作用是纳米颗粒作用效果的显著组成部分，特别是在高载荷条件下。

Sayuti 等使用含纳米二氧化硅（SiO_2）颗粒的润滑剂端铣航空铝 6061-T6 合金，通过场发射扫描电子显微镜（Field Emission Scanning Electron Microscope，FESEM）分析了工件的表面形貌，并总结了纳米颗粒在接触界面间的作用机制。试验用润滑剂为 ECOCUT SSN 322，纳米二氧化硅颗粒的直径为 5~15nm。将纳米颗粒与润滑剂混合，形成质量分数分别为 0、0.2%、0.5% 和 1.0% 的纳米润滑剂。试验表明：切削力、切削温度和表面粗糙度最低时纳米颗粒的质量分数分别为 0.2%、0 和 1.0%。经过分析可知，产生这种现象的原因是纳米颗粒的存在一定程度上阻隔了刀具和工件表面的接触，如图 4-18 所示。FESEM 分析发现工件表面存在若干含纳米二氧化硅颗粒的保护薄膜，有效降低了摩擦和热量聚集。

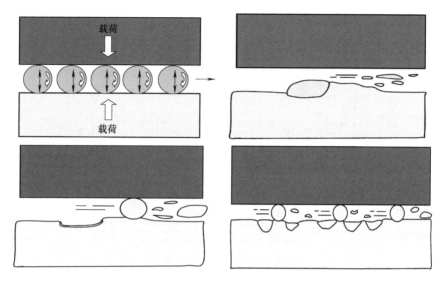

图 4-18 纳米颗粒作用机制

通过表面频谱分析，将纳米颗粒的作用效果分为三个阶段，如图 4-18 所示：①纳米颗粒在切削区的高压下变形，并受到较大的剪切力，部分嵌入工件表面，部分脱离工件，脱离工件的碎片仍能辅助切削过程的进行，但不会像球形颗粒那样有助于减小摩擦；②纳米颗粒浓度继续提高，纳米颗粒继续聚集，先前嵌入表面的颗粒碎片被重新代替，从工件表面脱离出来的颗粒由于高压会在原接触表面留下一层剥落的薄膜；③纳米颗粒浓度再次提高时，工件表面的小孔已被填满，新的纳米颗粒会对工件表面进行抛光，使表面质量提高。

综合分析以上研究成果，共性观点如下：

1）纳米颗粒提高了润滑剂基液的润湿性，提高了润滑剂的润滑性能。

2）纳米颗粒一般呈球形或类球形，可将滑动摩擦转变为滚动摩擦，从而减小摩擦系数。

3）纳米颗粒在刀具-切屑和刀具-工件接触界面上形成润滑膜或有助于接触界面间润滑油膜的形成，甚至改变润滑状态。

4）纳米颗粒可以填充工作表面的微坑和损伤部位，起到修复作用。

5）微量润滑过程中润滑剂以高速雾粒的形式喷射到切削区，润滑剂中的纳米颗粒可以对加工表面起到抛光作用。

⏵⏵ 2. 冷却机理

提高液体热导率的一种有效方式是在液体中添加金属、非金属或聚合物固体粒子。初期许多学者都对添加毫米或微米级固体粒子的液体的热导率进行了研究。由于固体粒子的热导率比液体大几个数量级，因此，悬浮有固体粒子的两相流体的热导率要比纯液体大得多。但是，由于毫米或微米级粒子的尺寸较大，在实际应用中容易引起管道磨损、堵塞等不良结果，而且由于毫米或微米级粒子大多不能在基液中稳定悬浮，使悬浮液的热导率提高有限。随着纳米科学技术的发展，纳米粒子的应用避免了这些不利影响。几种常用纳米粒子在常温下的热导率见表 4-8。

材　　料	氧化铜	氧化铝	硅	铝	铜	金刚石	碳纳米管
热导率/〔W/（m·K）〕	119.6	40	148	237	401	2300	3000

纳米粒子的材料属性、体积分数以及纳米粒子的悬浮结构对纳米流体的热导率有很大的影响。

Vajjha 等研究发现，室温下 6% 的 Al_2O_3 纳米颗粒可以使基液的热导率提高 22.4%；李强等通过试验发现含体积分数 2% 的铜纳米颗粒的纳米流体的热导率与基液相比，导热效率提高了 60%；He 等的研究也发现纳米流体在热导率方面的提高，而且发现提高纳米流体中纳米颗粒的浓度或减小纳米颗粒的平均粒径均可进一步提高纳米流体的热导率。

Yoo 等的研究成果认为，纳米颗粒的比表面积和浓度是影响纳米流体热导率的主要因素，减小纳米颗粒的平均粒径可以提高其比表面积进而提高流体的热导率。

Padmini 等测试了植物油基纳米流体的基本特性后发现，纳米颗粒均提高了植物油的导热性能。椰子油基纳米流体较其他纳米流体导热性能好，这是因为纳米颗粒在基液中的布朗运动和纳米颗粒具有大的表面积，且与芝麻油和菜籽油相比，椰子油的导热性能更好。同时，纳米流体的比热容较植物油有所提高，这可能是纳米颗粒与基液间存在接触膜的结果。纳米流体的热导率较植物油也有提高，这可能是布朗运动和纳米颗粒辅助迁移运动的原因。椰子油基纳米流体较植物油，在热导率上提高了 2.5%，比热容上提高了 0.98%，传热系数上提高了 3.54%，见表 4-9。

第 ❹ 章　复合微量润滑技术

表 4-9 椰子油基纳米流体的导热性能

指 标	质 量 分 数				
	0	0.25%	0.5%	0.75%	1%
热导率/[kW/(m·K)]	0.1815	0.1826	0.1834	0.1847	0.1859
比热容/[J/(kg·K)]	2100	2104.078	2108.134	21120.171	2116.188
传热系数/[kW/(m²·K)]	156.0028	158.0007	160.9466	161.1668	161.7425

综合研究人员的试验结果，可以发现纳米颗粒增强冷却的主要原因在于纳米颗粒可增强切削液（基液）的导热性能，包括热导率、比热容和传热系数等。

4.2.2 纳米颗粒增强微量润滑应用基础

纳米颗粒增强微量润滑技术在应用时，不同纳米颗粒的类型、粒径、浓度以及基液类型均会对纳米流体的加工性能产生不同的影响。本小节将对纳米颗粒增强微量润滑技术应用时的关键参数对实际切削加工效果的作用规律及其选择方法进行介绍。

1. 纳米颗粒类型

目前常用的纳米粒子（粒径小于 100nm）主要包括金属纳米粒子（Cu、Ag 等）、氧化物纳米粒子（Al_2O_3、SiO_2、CuO 等）、纳米金刚石（ND）以及单壁、双壁、多壁碳纳米管（SWCNT、DWCNT、MWCNT）等，此外，还有纳米固体润滑材料，如纳米二硫化钼（MoS_2）、纳米石墨、纳米氮化硼（BN）和聚四氟乙烯（PTFE）等。

为探寻适合于镍合金 GH4169 磨削的微量润滑纳米颗粒，Wang 等对金刚石、碳纳米管、SiO_2、MoS_2、ZrO_2 和 Al_2O_3 六种纳米粒子进行了试验研究。研究发现，具有球形或者类球形结构的纳米颗粒及高黏度的纳米流体润滑性能较好。纳米金刚石颗粒的抛光效果提高了加工的表面质量。六种纳米流体的润滑性能依次为：ZrO_2<碳纳米管<金刚石<MoS_2<SiO_2<Al_2O_3。

为提高微量润滑的加工性能，可尝试将纳米级别的固体润滑剂粉末添加到切削液中。

纳米石墨和纳米二硫化钼在结构上一般呈片层状，有助于减小摩擦。Shen 等在微量润滑磨削试验中发现纳米二硫化钼、纳米金刚石和纳米氧化铝在降低磨削力、减缓砂轮磨损方面效果显著。但在氧化性环境中，二硫化钼分解温度较低，在 350℃ 即会发生分解。这是纳米二硫化钼应用过程中存在的问题之一。与二硫化钼相比，纳米石墨分解温度较高，在应用上具有更大的优势。

纳米立方氮化硼（HBN）在结构上与纳米石墨（xGnP）类似，也呈片层状，且其分解温度高于纳米石墨。Trung 等通过球铣试验对比了纳米石墨和纳米六方氮化硼加工后的刀具中心磨损和后刀面磨损情况，试验结果发现立方氮化硼纳米薄片的加工性能明显优于石墨纳米薄片。

考虑到纳米金刚石和纳米氧化铝的优良摩擦学性能和无毒性，Lee 选择这两种纳米颗粒进行了微磨削试验，结果表明纳米流体微量润滑在降低磨削力和提高表面质量方面效果显著。在磨削力方面，纳米金刚石的和纳米氧化铝的作用效果区别较小。但是纳米氧化铝在减小表面粗糙度值方面优于纳米金刚石。

Luan 等在球-盘摩擦磨损试验机上对纳米氧化锌流体和纳米氧化铝流体的摩擦系数和盘磨损情况进行了对比。试验结果表明：在降低摩擦系数和表面磨损方面，纳米氧化锌流体较纳米氧化铝流体均有更显著的效果，这些区别主要原因在于纳米颗粒硬度的不同。

Park 等使用 XG Science 公司生产的纳米石墨薄片进行了润湿角测试和球铣试验，发现纳米石墨能够提高微量润滑剂润湿性能，且在试验过程中刀具磨损情况明显改善，加工性能有了显著提高。

以上学者的研究表明，纳米颗粒类型会对润滑剂的摩擦磨损性能产生直接影响。如今纳米技术方兴未艾，商业化纳米颗粒产品不断增多，研究人员可将更多类型的纳米颗粒尝试应用于试验研究。

》 2. 纳米颗粒粒径及浓度

Park 等通过进行润湿角测试、摩擦磨损测试和球铣试验研究了纳米石墨增强微量润滑剂的性能。试验用的纳米石墨薄片厚度为 10nm，直径为 $1\mu m$ 和 $15\mu m$。微量润滑植物基油由 Unist 公司提供。将纳米石墨和植物油在高剪切混合器中混合，制备出质量分数分别为 0.1% 和 1% 的纳米石墨增强润滑油。悬浮稳定性试验如图 4-19 所示，直径为 $15\mu m$ 的纳米石墨不能在植物油中稳定悬浮，仅一天就与植物油分离，无法继续使用。直径为 $1\mu m$ 的纳米石墨可用于进一步研究，其中质量分数为 0.1% 的润滑剂可直接用于加工试验，质量分数为 1% 的润滑剂在加工过程中须使用磁力搅拌器以使纳米颗粒稳定悬浮。

图 4-19　悬浮稳定性试验

润湿角测试结果如图 4-20 所示，水和水基润滑剂的润湿角均大于油基润滑剂，即水基润滑剂的润滑性能低于油基润滑剂。加入纳米石墨的植物油的润湿角最小，即润湿性能最好。矿物油（NRG Oil）的润湿性优于水，但纯矿物油的黏度较大，喷射困难，一般用作水溶性润滑剂，但并未用此油进行进一步的研究。

图 4-20　润湿角测试结果

摩擦磨损测试在球-盘摩擦计上进行，如图 4-21 所示，直径为 6.36mm 的钢球在 TiAlN 涂层平台表面运动，进而测定不同润滑条件下的摩擦磨损情况。试验中，球的振幅为 2mm，施加载荷为 1N、5N 和 10N，运动速度为 0.25cm/s、1.0cm/s 和 2.5cm/s。润滑条件包括：干式、植物油润滑、质量分数为 0.1% 和 1% 的 xGnP 纳米增强润滑油。如图 4-22 所示，质量分数为 0.1% 的 xGnP 纳米增强润滑油的摩擦系数较 1% 的 xGnP 纳米增强润滑油和纯植物油的略有降低。

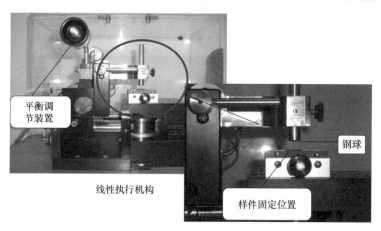

图 4-21　摩擦磨损测试试验设置

润滑油雾由外部同轴喷嘴喷送至切削区，出口压力为 55.16kPa，流量为 1.5mL/min。试验在三轴立式铣削中心上进行，工件材料为 AISI 1045 钢（尺寸为 203.2mm×127mm×203.2mm），球头铣刀刀具直径为 25mm，使用 TiAlN 涂层硬质合金刀片（ZPFG250-PCA12M），铣削加工参数见表 4-10。

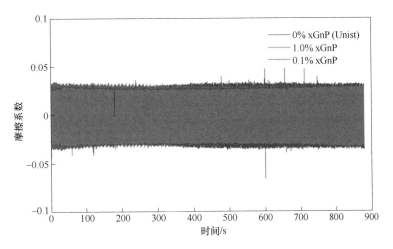

图 4-22 载荷为 10N、运动速度为 2.5cm/s 时润滑油的摩擦系数比较

表 4-10 铣削加工参数

铣削速度	3500r/min，4500r/min
进给速度	2500mm/min
切削深度	1mm
切削宽度	0.6mm
润滑条件	NRG 矿物油（NGR：水＝1∶15）、植物油 Unist Coolube 2210、质量分数为 0.1% 和 1% 的 xGnP

纳米石墨的质量分数不同时，刀具中心磨损和后刀面磨损情况如图 4-23 所示。加入纳米石墨后，刀具的中心磨损情况有明显改善，且质量分数为 0.1% 时，中心磨损几乎不存在，此时效果最好。纳米石墨质量分数为 0.1% 时，高速和低速下，后刀面磨损呈稳定上升趋势，较无纳米石墨时的不稳定磨损，加工性能有了显著提高。

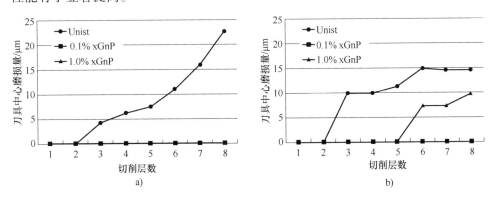

图 4-23 刀具中心磨损和后刀面磨损情况

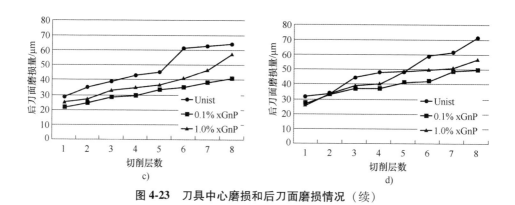

图 4-23　刀具中心磨损和后刀面磨损情况（续）

Bizhan 等研究了纳米二硫化钼（MoS_2）增强微量润滑端铣 Al6061-T6 的加工表面形貌。纳米二硫化钼的平均粒径为 20~60nm，纳米颗粒与基油 ECOCUT HSG 905S 混合，形成质量分数分别为 0.2%、0.5%、1.0% 的纳米润滑剂。铣削参数见表 4-11。

表 4-11　铣削参数

主 轴 转 速	进 给 速 度	切 削 深 度
5000r/min	100mm/min	5mm

润滑剂通过微量润滑系统送至切削区。采用薄脉冲喷嘴，可控制气体压力和速度。喷嘴孔口直径为 1mm，MQL 润滑剂的压力为 20MPa，流量为 30mL/min，气体压力为 0.4MPa，方向为 60°。喷嘴示意图如图 4-24 所示。

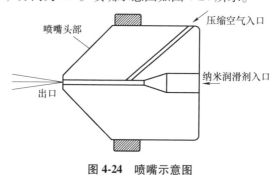

图 4-24　喷嘴示意图

工件表面粗糙度如图 4-25 所示。试验结果表明：使用质量分数为 0.5% 的二硫化钼纳米润滑剂加工的表面，其表面粗糙度值最小。

场发射扫描电子显微镜（FE-SEM）分析如图 4-26 所示。结果表明：纳米颗粒的存在提高了润滑剂的加工表面质量。纳米二硫化钼散布在切削区，在加工表面形成保护薄膜，有助于减小摩擦和热量聚集。如 4-26b~d 所示，二硫化钼的质量分数为 0.5% 时，形成的保护膜最多，与图 4-25 所示结果类似。

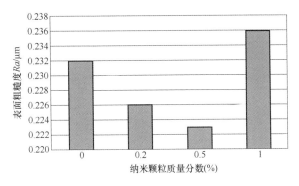

图 4-25　工件表面粗糙度

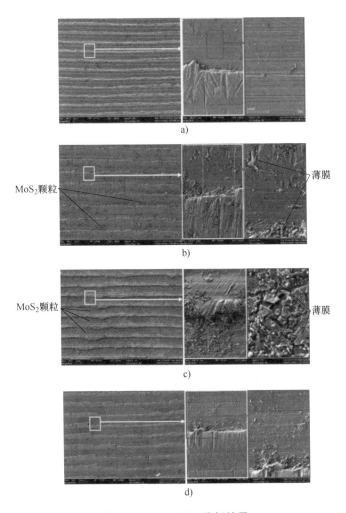

图 4-26　FE-SEM 分析结果

Sayuti 等将平均粒径为 5~15nm 的纳米二氧化硅颗粒添加到矿物油中制备出纳米流体，进行微量润滑硬车削 AISI 4140 钢试验。利用正交试验法，研究人员研究了纳米颗粒浓度、喷嘴角度和系统空气压力三个因素对刀具磨损和工件加工表面质量的影响。其中，纳米颗粒浓度所处的四个水平质量分数分别为 0%、0.2%、0.5%、1.0%。如图 4-27 所示，试验结果表明：当纳米颗粒质量分数为0.5%时，刀具磨损和工件表面粗糙度值都达到了最小。

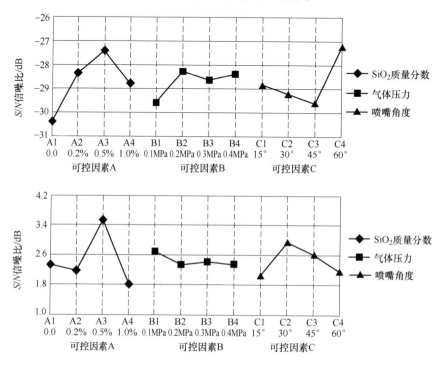

图 4-27　刀具磨损和表面粗糙度情况

Gara 等在球-盘摩擦磨损试验机上对纳米氧化锌流体和纳米氧化铝流体的摩擦系数和盘磨损情况进行了对比。将质量分数为 50% 的纳米流体用去离子水稀释，从而得到不同质量分数的纳米流体。纳米颗粒氧化锌的平均粒径为 70nm，形态为细长型；氧化铝的平均粒径为 45nm，形态为球形。试验结果表明：纳米氧化锌流体与去离子水相比，摩擦系数最大可降低 56.9%，纳米氧化铝流体能够降低摩擦系数，但效果不及纳米氧化锌流体。如图 4-28 所示，初始阶段，随纳米颗粒质量分数的增长，摩擦系数下降明显。但当质量分数超过 1% 后，摩擦系数趋于稳定，表明加入更多的纳米颗粒无益于降低摩擦。磨损分析也表明，磨损痕迹的形状也受到纳米颗粒质量分数的影响，加入纳米氧化锌流体使盘上的磨损痕迹变得浅而宽，如图 4-29 所示。

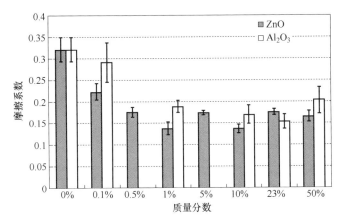

图 4-28　不同质量分数下纳米氧化锌和纳米氧化铝流体的摩擦系数

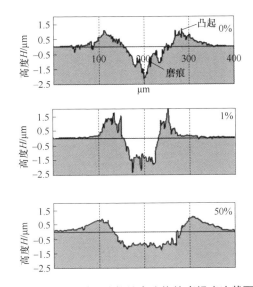

图 4-29　不同质量分数纳米流体的磨损痕迹截面

⟫ 3. 基液类型

　　著者在纳米颗粒增强微量润滑铣削加工方向上展开了深入研究。目前著者团队已经在纳米颗粒类型、纳米颗粒浓度（质量分数）和基液类型上展开了相关研究，分别选择了铜、石墨、二硫化钼和氧化铝四种纳米颗粒，通过正交试验探究了纳米颗粒类型、颗粒浓度和切削参数对铣削钛合金加工性能的影响。试验结果表明：纳米颗粒类型和浓度会对表面粗糙度和切削力产生影响。纳米铜和纳米石墨在降低表面粗糙度和铣削力方面较纳米二硫化钼和纳米氧化铝效果更佳，且纳米铜和纳米石墨两者的区别并不明显。纳米颗粒增强微量润滑与普通微量润滑加工相比，铜纳米颗粒可降低切削力和表面粗糙度的最大幅度分别为 8.84% 和 14.74%，石墨纳米颗粒可以降低切削力和表面粗糙度的最大幅度分别为 5.51% 和 21.96%。浓度上，试验结果均表明质量分数为 1% 的纳米颗粒增强微量润滑剂较 2% 的效果更佳。此外还探究了酱油作为基液的加工性能，因其具有较好的冷却性能，也得到了较好的加工效果。

4.3 其他复合微量润滑技术

除上述提到的低温微量润滑技术、纳米颗粒增强微量润滑技术外，随着工程应用需求的提升和技术的不断发展，不断出现各种新型复合微量润滑技术。下面着重介绍微量油膜附水滴技术、超临界 CO_2 增效技术和超声微量润滑切削技术。

▶▶ 4.3.1 微量油膜附水滴技术

微量油膜附水滴（Oils on Water，OoW）技术是指使用冷空气、微量绿色润滑剂和少量水，经过复合喷雾法形成油膜附水滴切削液，喷射至切削区实现有效冷却润滑的一种新型润滑增效技术。微量油膜附水滴技术首先由日本名古屋大学中村隆和松原十三生教授于 1999 年提出。油膜附水滴示意图如图 4-30 所示。OoW 技术的优势在于：水滴作为传输介质，将润滑剂带入切削区的同时，易于在切削界面蒸发，实现有效的冷却作用；OoW 技术形成的边界润滑薄膜较稳定，能够减小摩擦和避免工件材料的黏附；采用合成酯形成的 OoW 润滑剂具有良好的润滑作用，而微量润滑方式可有效抑制刀具磨损和工件与刀具的黏结。

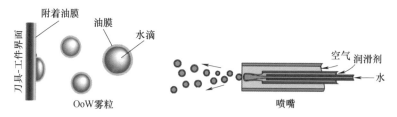

图 4-30 油膜附水滴示意图

王成勇等将 OoW 技术用于钛合金 Ti-6Al-4V 的车削加工中。试验中采用了外部油膜附水滴（External Oils on Water，EOoW）和内部油膜附水滴（Internal Oils on Water，IOoW）两种实现形式，分别研究了外部油膜附水滴技术的喷嘴方位对润滑效果的影响，以及内部油膜附水滴技术耗水量与切屑形态、切削温度、切削力、表面粗糙度和刀具磨损的关系。试验参数见表4-12。

表 4-12　试验参数

机　床	CAK3675V 数控车床
刀具	Seco WNMG080812-MF5
切削速度	70m/min，90m/min，110m/min
切削深度	1mm
进给速度	0.25mm/r
润滑剂	2000-10（脂肪醇）、2000-30（合成酯）

在外部油膜附水滴技术喷嘴方位试验中，对比了单喷嘴前刀面喷射（EOoW$_r$）、单喷嘴后刀面喷射（EOoW$_f$）和双喷嘴前后刀面同时喷射（EOoW$_{rf}$）三种情况的切削性能。EOoW技术示意图如图4-31所示。如图4-32所示，在切削温度方面，EOoW$_r$ 和 EOoW$_{rf}$ 情况下切削温度基本相同，而 EOoW$_f$ 则高出约80℃。在切削力方面，EOoW$_{rf}$ 条件的进给力 F_x 最小，而表面粗糙度值最大；对比 EOoW$_f$ 条件下的 F_x 最高，但是表面粗糙度值却是最小的（与浇注式切削相比降低了20%）。在刀具磨损方面，由于使用双喷嘴同时喷射前后刀面，EOoW$_{rf}$ 在润滑性能和传热速度上优于其他两种喷嘴设置，因此获得了最低的刀具磨损；在切削初期，EOoW$_f$ 直接润滑后刀面，使后刀面磨损低于 EOoW$_r$ 设置，而随着切削温度的升高润滑油膜迅速失效，导致后刀面严重磨损。

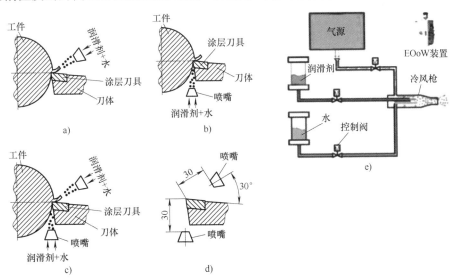

图 4-31　外部油膜附水滴技术示意图

a）前刀面喷射　b）后刀面喷射　c）前后刀面喷射　d）喷嘴与刀具间的位置　e）EOoW装置

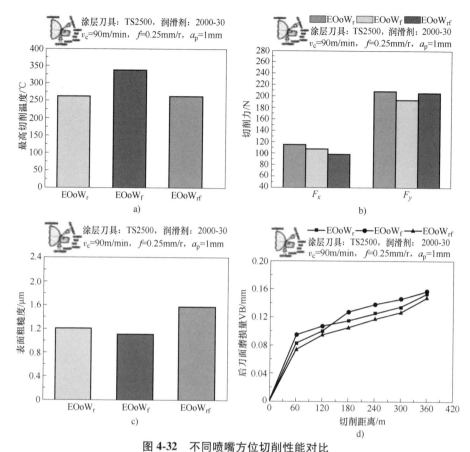

图 4-32 不同喷嘴方位切削性能对比

a）切削温度 b）切削力 c）表面粗糙度 d）后刀面磨损量 VB

内部油膜附水滴技术示意图如图 4-33 所示。由图 4-34 可知，提高耗水量可有效降低切削温度。1.2L/h 耗水量条件下的进给力较低，主切削力较高，且表面粗糙度和后刀面磨损量均低于 2.4L/h 耗水量条件，刀具-工件界面间具有良好的润滑性能。

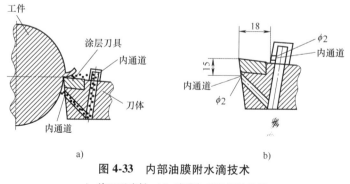

图 4-33 内部油膜附水滴技术

a）单刀面喷射 b）喷嘴与刀具间的位置

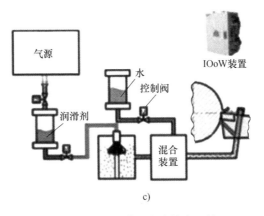

c)

图 4-33　内部油膜附水滴技术（续）

c）IOoW 装置

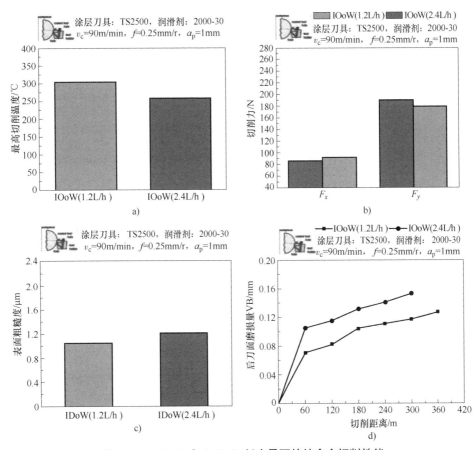

图 4-34　1.2L/h 和 2.4L/h 耗水量下的钛合金切削性能

a）切削温度　b）切削力　c）表面粗糙度　d）后刀面磨损量 VB

▶▶ 4.3.2　超临界 CO_2 增效技术

物质的温度和压力超过其临界点后，其性质显示出介于气体和液体之间的超临界状态。超临界流体具有与液体相当的密度，故有与液体相似的可溶解溶质的特点，同时又具有气体易于扩散的特点，它的低黏度和高扩散性，有利于溶解在其中的物质扩散和向固体基质的渗透。CO_2 超过临界点（临界温度为 31.2℃或 304.25K，临界压力为 72.9atm 或 7.39MPa）后称为超临界 CO_2（Super Critical CO_2，$scCO_2$）。超临界 CO_2 对脂肪族和大多数的芳香烃具有卓越的溶解性，可以很好地作为有机反应的溶剂或介质，且超临界 CO_2 性质稳定、价格低、易得到、非易燃易爆、无毒、无腐蚀性。超临界 CO_2 广泛应用于制药和高分子产业、干洗、半导体设备清洁及汽车部件涂层等。

相关学者发现了超临界 CO_2 低黏度、高扩散性特征及其对脂肪族、芳香烃的溶解性与 MQL 技术应用条件吻合，并将其应用于 MQL 技术中以增强切削性能。超临界 CO_2 与 MQL 结合的技术在试验研究中，展示了其优越的润滑和冷却效果，并使得在高材料去除率（MRR）下应用 MQL 的加工成为可能。

Stephenson 等进行了以超临界 CO_2 为基础的 MQL 技术的试验研究，并将其应用在铬镍铁合金 750 的粗车削中。图 4-35 所示为超临界 CO_2（$scCO_2$）MQL 传输系统原理。

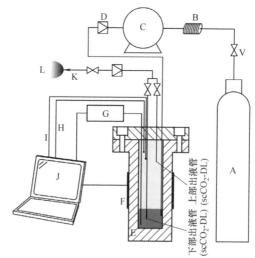

图 4-35　超临界 CO_2（$scCO_2$）MQL 传输系统原理

A—食品级 CO_2 钢瓶　B—冷却装置　C—泵　D—单向阀　E—高压气瓶　F—加热元件　G—大豆油槽

H—压力传感器　I—热电偶　J—计算机　K—喷嘴　L—超临界 CO_2MQL 喷雾　V—开关阀

试验分两组进行：①对比相同切削条件下 $scCO_2$ MQL 和水基浇注式切削液在刀具磨损方面的性能；②在较高材料去除率条件下，对比刀具磨损性能不同加工参数下的试验数据总结见表 4-13。

表 4-13 不同加工参数下的试验数据总结

试 验 条 件		润 滑 剂	CO_2 喷嘴直径/mm	切削速度/(m/min)	进给速度/(mm/r)	平均切削深度/mm
试验1	S1-B	水基浇注式	N/A	45.70	0.25	3.00
	S1-1	$scCO_2$ MQL	0.25	45.70	0.25	3.00
	S1-2	$scCO_2$ MQL	0.25	50.30	0.30	3.00
试验2	S2-B	水基浇注式	N/A	48.75	0.20	与刀具轨迹相关
	S2-1	$scCO_2$ MQL	0.34	48.75	0.25	与刀具轨迹相关
	S2-2	$scCO_2$ MQL	0.34	45.70	0.30	与刀具轨迹相关
	S2-3	$scCO_2$ MQL	0.34	50.30	0.33	与刀具轨迹相关
	S2-4	$scCO_2$ MQL	0.25	45.70	0.30	与刀具轨迹相关

注：1. 试验 1 研究相同切削条件下 $scCO_2$ MQL 是否比水基浇注式切削液获得较低的刀具磨损量。

2. 试验 2 研究在较低或同等刀具磨损下 $scCO_2$ MQL 能否达到比水基浇注式冷却更高的 MRR 及较低的周期。

在试验 1 中，观察到使用 $scCO_2$ 微量润滑技术的刀具磨损量始终低于使用浇注式切削液的刀具磨损量，如图 4-36 所示。

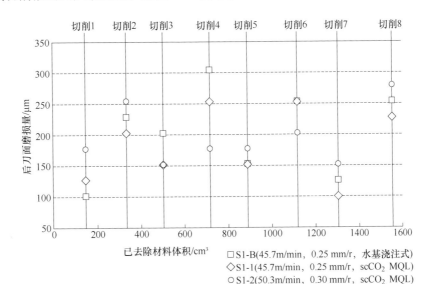

图 4-36 试验 1 中的水基浇注式切削液和 scCO₂MQL 的平均后刀面磨损量结果

试验 2 中对比了 S2-B 和 S2-1～S2-4 条件，S2-4 条件下的后刀面磨损量最大，这说明 $scCO_2$ MQL 流量不充足，如图 4-37 所示。同时发现低速而不是高速下后刀面磨损量降低。与水基浇注式 S2-B 条件对比，S2-1 条件和 S2-2 条件在 MRR 方面分别上升了 17% 和 40%。如图 4-38 所示，在 $scCO_2$ MQL 条件下，后刀面磨损量等于或小于水基浇注式切削液条件。研究表明，在 $scCO_2$ MQL 条件下刀具磨损机制主要为平缓的月牙洼磨损和切削刃冲击，而在水基浇注式切削液条件下主要是快速的沟槽磨损。同时，$scCO_2$ MQL 使用较高 MRR 时可达到和使用传统 MRR 的水基浇注式切削液条件同等的刀具寿命。

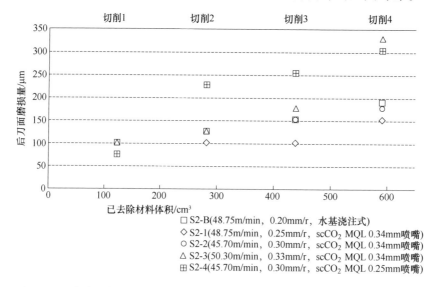

图 4-37 试验 2 中水基浇注式切削液和较高 MRR $scCO_2$ MQL 条件下材料去除体积与平均后刀面磨损量的关系

Yuan 等将超临界 CO_2 增效技术和油膜附水滴技术结合开发了一种新型的冷却润滑系统（图 4-39），快速膨胀的 $scCO_2$ 将干冰和油膜水滴混合物输送到切削区，实现对加工过程良好的冷却润滑。通过开展 316L 不锈钢铣削试验对比了 $scCO_2$、OoW、$scCO_2$+MQL、$scCO_2$+OoW 不同冷却润滑方式对切削加工中切削力、刀具寿命以及表面粗糙度的影响。结果表明：$scCO_2$+OoW 条件下的切削力最低且切削过程稳定，工件表面平滑、刀具寿命相对较长，是一种有效的冷却润滑方式。

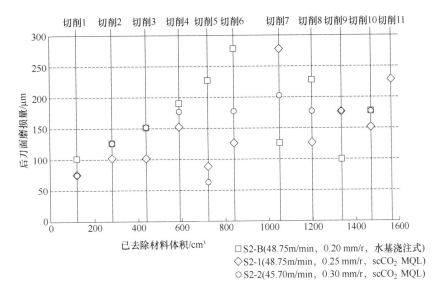

S2-B(48.75m/min, 0.20 mm/r, 水基浇注式)
S2-1(48.75m/min, 0.25 mm/r, scCO₂ MQL)
S2-2(45.70m/min, 0.30 mm/r, scCO₂ MQL)

图 4-38　试验 2 中水基浇注式切削液和 scCO₂ MQL 的粗车削循环平均后刀面磨损量结果

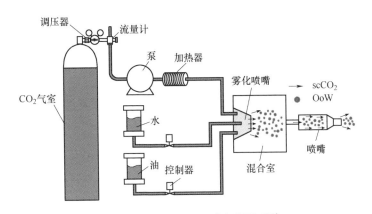

图 4-39　scCO₂+OoW 冷却润滑系统

4.3.3　超声微量润滑切削技术

超声微量润滑切削技术包括两种实现方式，一种是利用超声雾化技术产生微小液滴，直接喷向切削区；另一种是采用超声振幅辅助加工技术（Ultrasonic Vibration Assisted Milling，UVAM）和微量润滑技术相结合，超声作用在刀具或者工件上，微量润滑实现切削液供给，用于改善难加工材料的加工效果。

超声雾化技术是利用超声振动将切削液雾化为超细液滴，与其他雾化技术相比，超声雾化产生的液滴尺寸相对较小，可以将液滴均匀地扩散到空气中，通过改变超声换能器的频率来控制液滴大小，这些液体颗粒的尺寸比常规 MQL 条件下产生的尺寸小得多且均匀，有利于提高雾粒在界面间的渗透吸附能力。Madarkar 等研究了干式切削、常规微量润滑以及超声微量润滑技术对钛合金的磨削加工效果的影响，试验现场设置如图 4-40 所示。与干式切削相比，超声微量润滑技术过程中的磨削力显著降低，同时可改善钛合金工件表面的黏结和烧蚀现象，这是由于切削液超声雾化产生的超细液滴增强了切削液的冷却和润滑效果，能够有效提高材料的切削加工质量。

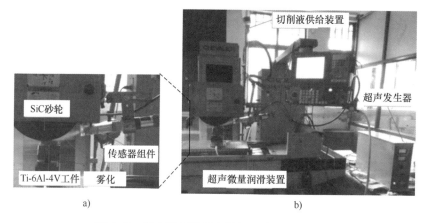

图 4-40　超声微量润滑磨削加工试验现场设置

有学者尝试采用 UVAM 和 MQL 相结合的方法加工难加工材料。Yan 等提出了一种具有超声振动的连续 MQL（U-CMQL）系统，用于近干加工过程，如图 4-41 所示。通过试验研究了干式加工、超声辅助加工和 U-CMQL 加工对 Ti-6Al-4V 合金车削性能的影响，对切削力、刀具磨损、表面粗糙度和切屑形态进行了试验分析。结果表明：U-CMQL 技术不仅保持了整洁的工作区域，而且在一定程度上改善了切削性能。与干式加工和超声辅助加工相比，由于润滑和高频振动的双重优势，U-CMQL 的切削力和刀具磨损更低。此外，在 U-CMQL 加工下，可获得较短的刀具-切屑接触长度、良好的切屑形态和更好的表面完整性。

图 4-41　试验现场设置

Ni 等进行了常规铣削（CM）试验、常规超声振动辅助铣削（UVAM）试验

以及 UVAM-MQL 组合试验，以研究 UVAM 和 MQL 方法对 TC4 合金加工性能的
影响，试验设置如图 4-42 所示。理论分析表明：UVAM 中的间歇切削机理和声
空化作用可以提升 MQL 系统的润滑/冷却性能。在表面声能和声空化的影响下，
由 MQL 喷嘴喷射的相对均匀的微滴将进一步雾化为超均匀的超微滴。分离式切
削为超细雾化液滴和压缩空气浸入刀具-工件界面提供了极大的便利。在铣削力、
表面形貌、表面轮廓和表面粗糙度的时域分析和频域分析方面，对 CM、UVAM
和 UVAM-MQL 试验的加工结果进行了比较。结果表明：由于断续的切削机理以
及 UVAM 和 MQL 方法的耦合作用，与普通铣削相比，UVAM 和 UVAM-MQL 条
件下的切削力特征可能受到显著影响。在 UVAM-MQL 条件下可以获得具有改善
轮廓波动的均匀微纹理表面，与 CM 和 UVAM 相比，表面粗糙度分别降低了
30%~50%、20%~30%。良好的加工性能证明了同时应用 UVAM 和 MQL 方法的
可行性和有效性。

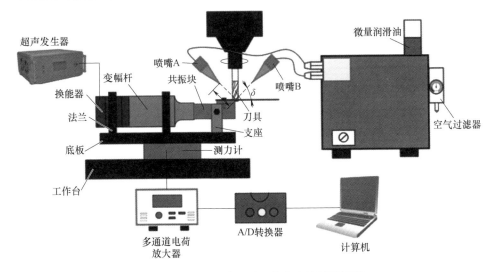

图 4-42 UVAM 和 MQL 组合方法试验设置

参 考 文 献

[1] CASTRO J, SEABRA J. Scuffing and lubricant film breakdown in FZG gears Part I. Analytical
and experimental approach [J]. Wear, 1998, 215 (1/2): 104-113.

[2] SU Y, HE N, LI L, et al. An experimental investigation of effects of cooling/lubrication condi-
tions on tool wear in high-speed end milling of Ti-6Al-4V [J]. Wear, 2006, 261 (7/8):
760-766.

［3］安庆龙. 低温喷雾射流冷却技术及其在钛合金机械加工中的应用［D］. 南京：南京航空航天大学，2006.

［4］董晋标. 微通道内流体的流动与换热的理论研究和数值分析［D］. 西安：西安电子科技大学，2007.

［5］RINI D P, CHEN R H, CHOW L C. Bubble behavior and nucleate boiling heat transfer in saturated FC-72 spray cooling［J］. Journal of Heat Transfer, 2002, 124（1）：63-72.

［6］刘江涛. 微通道内单相和相变传热机理与界面特性［D］. 北京：清华大学，2008.

［7］RANQUE G J. Experiments on expansion in a vortex with simultaneous exhaust of hot air and cold air［J］. J. Phys. Radium, 1933, 4（7）：112-114.

［8］RANQUE G J. Method and apparatus for obtaining from a fluid under pressure two outputs of fluid at different temperatures［J］. US Patent, 1934, 1（952, 281）.

［9］孙国华，陈国邦. 涡流管制冷器的原理及应用［J］. 低温与特气，1989（2）：44-48；62.

［10］袁松梅，刘思，严鲁涛. 低温微量润滑技术在几种典型难加工材料加工中的应用［J］. 航空制造技术，2011（14）：45-47.

［11］KIM S W, LEE D W, KANG M C, et al. Evaluation of machinability by cutting environments in high-speed milling of difficult-to-cut materials［J］. Journal of Materials Processing Technology, 2001, 111（1-3）：256-260.

［12］ZHONG Z W, TEO P L, ENOMOTO S, et al. Surface finish of fine face milled super-alloys with carbide, cermet and CBN tools［C］. Singapore：［s. n.］, 1995：565-568.

［13］NANDY A K, GOWRISHANKAR M C, PAUL S. Some studies on high-pressure cooling in turning of Ti-6Al-4V［J］. International Journal of Machine Tools and Manufacture, 2009, 49（2）：182-198.

［14］YUAN S M, LIU S, LIU W D. Effects of cooling air temperature and cutting velocity on cryogenic machining of 1Cr18Ni9Ti alloy［J］. Applied Mechanics and Materials, 2012, 148：795-800.

［15］YAN L T, YUAN S M, LIU Q. Effect of cutting parameters on minimum quantity lubrication machining of high strength steel［J］. Materials Science Forum, 2009, 626：387-392.

［16］单忠德，樊东黎，范宏义，等. 机械装备工业节能减排制造技术［M］. 北京：机械工业出版社，2014.

［17］GUPTA M K, SONG Q, LIU Z, et al. Experimental characterisation of the performance of hybrid cryo-lubrication assisted turning of Ti-6Al-4V alloy［J］. Tribology International, 2021, 153：106582.

［18］苏宇，何宁，李亮，等. 低温氮气射流对钛合金高速铣削加工性能的影响［J］. 中国机械工程，2006, 17（11）：1183-1187.

［19］SU Y, HE N, LI L, et al. An experimental investigation of effects of cooling/lubrication conditions on tool wear in high-speed end milling of Ti-6Al-4V［J］. Wear, 2006, 261（7/8）：

760-766.

[20] CORDES S, HÜBNER F, SCHAARSCHMIDT T. Next generation high performance cutting by use of carbon dioxide as cryogenics [J]. Procedia CIRP, 2014, 14: 401-405.

[21] SANCHEZ J A, POMBO I, ALBERDI R, et al. Machining evaluation of a hybrid MQL-CO_2, grinding technology [J]. Journal of Cleaner Production, 2010, 18: 1840-1849.

[22] 黄海栋. 片状纳米石墨和无机类富勒烯二硫化钼作为润滑油添加剂的摩擦学性能 [D]. 杭州: 浙江大学, 2006.

[23] LEE K, HWANG Y, CHEONG S, et al. Understanding the role of nanoparticles in nano-oil lubrication [J]. Tribology Letters, 2009, 35 (2): 127-131.

[24] SAYUTI M, ERH O M, SARHAN A A D, et al. Investigation on the morphology of the machined surface in end milling of aerospace Al6061-T6 for novel uses of SiO_2 nanolubrication system [J]. Journal of Cleaner Production, 2014, 66 (4): 655-663.

[25] VAJJHA R S, DAS D K. A review and analysis on influence of temperature and concentration of nanofluids on thermophysical properties, heat transfer and pumping power [J]. International Journal of Heat and Mass Transfer, 2012, 55 (15/16): 4063-4078.

[26] LI Q, XUAN Y M. Convective heat transfer and flow characteristics of Cu-water nanofluid [J]. Science in China Series E: Technological Science, 2002, 45 (4): 408-416.

[27] HE Y R, JIN Y, CHEN H S, et al. Heat transfer and flow behaviour of aqueous suspensions of TiO_2 nanoparticles (nanofluids) flowing upward through a vertical pipe [J]. International Journal of Heat and Mass Transfer 2007, 50 (11/12), 2272-2281.

[28] YOO D H, HONG K S, YANG H S. Study of thermal conductivity of nanofluids for the application of heat transfer fluids [J]. Thermochimica Acta, 2007, 455 (1/2): 66-69.

[29] PADMINI R, KRISHNA P V, RAO G K M. Effectiveness of vegetable oil based nanofluids as potential cutting fluids in turning AISI 1040 steel [J]. Tribology International, 2016, 94: 490-501.

[30] PARK K H, EWALD B, KWON P Y. Effect of nano-enhanced lubricant in minimum quantity lubrication balling milling [J]. Journal of Tribology, 2015, 133 (3): 3526-3537.

[31] SHEN B, MALSHE A P, KALITA P, et al. Performance of novel MoS_2 nanoparticles based grinding fluids in minimum quantity lubrication grinding [J]. Transactions of Namri/SME, 2008, 36 (357): 357-364.

[32] NGUYEN T K, DO I, KWON P. A tribological study of vegetable oil enhanced by nano-platelets and implication in MQL machining [J]. International Journal of Precision Engineering and Manufacturing, 2012, 13 (7): 1077-1083.

[33] LEE P H, NAM J S, LI C, et al. An experimental study on micro-grinding process with nanofluid minimum quantity lubrication (MQL) [J]. International Journal of Precision Engineering and Manufacturing, 2012, 13 (3): 331-338.

［34］ GARA L, ZOU Q. Friction and wear characteristics of water-based ZnO and Al_2O_3 nanofluids ［J］. Tribology Transactions, 2012, 55 (3): 345-350.

［35］ RAHMATI B, SARHAN A A D, SAYUTI M. Morphology of surface generated by end milling Al6061-T6 using molybdenum disulfide (MoS_2) nanolubrication in end milling machining ［J］. Journal of Cleaner Production, 2014, 66: 685-691.

［36］ SAYUTI M, SARHAN A A D, SALEM F. Novel uses of SiO_2 nano-lubrication system in hard turning process of hardened steel AISI 4140 for less tool wear, surface roughness and oil consumption ［J］. Journal of Cleaner Production, 2014, 67: 265-276.

［37］ SONGMEI Y, XUEBO H, GUANGYUAN Z, et al. A novel approach of applying copper nano-particles in minimum quantity lubrication for milling of Ti-6Al-4V ［J］. Advances in Production Engineering and Management, 2017, 12 (2): 139.

［38］ 刘永姜. 油膜附水滴切削液雾化机理理论分析及其实验研究 ［D］. 太原: 中北大学, 2010.

［39］ WEI Y. Research and development of environmentally benign machining fluids of oils on water ［R］. Nagoya: [s. n.], 2001.

［40］ ITOIGAWA F, CHILDS T H C, NAKAMURA T, et al. Effects and mechanisms in minimal quantity lubrication machining of an aluminum alloy ［J］. Wear, 2006, 260 (3): 339-344.

［41］ NAKAMURA T, et al. Study of environmentally conscious machining fluids of minimum oils on water ［C］. Tokyo: [s. n.], 1999.

［42］ LIN H, WANG C, YUAN Y, et al. Tool wear in Ti-6Al-4V alloy turning under oils on water cooling comparing with cryogenic air mixed with minimal quantity lubrication ［J］. The International Journal of Advanced Manufacturing Technology, 2015, 81 (1): 87-101.

［43］ HYATT J A. Liquid and supercritical carbon dioxide as organic solvents ［J］. The Journal of Organic Chemistry, 1984, 49 (26): 5097-5101.

［44］ SUPEKAR S D, CLARENS A F, STEPHENSON D A, et al. Performance of supercritical carbon dioxide sprays as coolants and lubricants in representative metalworking operations ［J］. Journal of Materials Processing Technology, 2012, 212 (12): 2652-2658.

［45］ DESIMONE J M. Practical approaches to green solvents ［J］. Science, 2002, 33 (39): 799-803.

［46］ STEPHENSON D A, SKERLOS S J, KING A S, et al. Rough turning Inconel 750 with supercritical CO_2-based minimum quantity lubrication ［J］. Journal of Materials Processing Technology, 2014, 214 (3): 673-680.

［47］ YUAN Y, WANG C, YANG J, et al. Performance of supercritical carbon dioxide ($scCO_2$) mixed with oil-on-water (OoW) cooling in high-speed milling of 316L stainless steel ［J］. Procedia CIRP, 2018, 77: 391-396.

［48］ MADARKAR R, AGARWAL S, ATTAR P, et al. Application of ultrasonic vibration assisted

MQL in grinding of Ti-6Al-4V [J]. Materials and Manufacturing Processes, 2018, 33 (13): 1445-1452.

[49] YAN L, ZHANG Q, YU J. Effects of continuous minimum quantity lubrication with ultrasonic vibration in turning of titanium alloy [J]. International Journal of Advanced Manufacturing Technology, 2018, 98 (1): 827-837.

[50] NI C, ZHU L. Investigation on machining characteristics of TC4 alloy by simultaneous application of ultrasonic vibration assisted milling (UVAM) and economical environmental MQL technology [J]. Journal of Materials Processing Technology, 2020, 278: 116518.

第 ❹ 章

复合微量润滑技术

第 5 章

——

微量润滑系统及其应用

微量润滑技术较传统浇注式润滑显著减少了切削液的使用成本，降低了切削液对环境和人体的危害，而较干式切削而言由于引入了冷却润滑介质，明显提高了切削加工性能，具有切削液用量小、切削力低、延长刀具寿命、提高工件表面质量等优点。近年来，微量润滑技术得到迅速发展，涌现了多种形式的微量润滑系统，被广泛应用于车削、铣削、钻削以及磨削等切削加工中。

微量润滑系统主要包括针对旧机床进行绿色化改造设计的微量润滑系统和内置于新型机床的微量润滑系统。在目前生产制造企业仍大量应用传统冷却润滑技术的情况下，外置式微量润滑系统由于其安装使用的灵活性以及行业对绿色化升级的需要，在很长一段时间内仍将存在。因此，本章主要针对应用于旧机床的微量润滑系统，介绍其不同工作原理和主要功能部件喷嘴的原理及结构，并就其未来发展方向进行展望。随着大家对微量润滑技术的理解不断加深，出厂即带有微量润滑功能的机床成为发展趋势，因此内置于新型机床的内部微量润滑系统正在不断发展，读者可参考美国 SKF 公司，德国的 Zimmermann 公司、Vogel 公司，以及意大利 Dropsa 等公司产品的相关资料。

此外，本章还结合具体案例介绍了微量润滑技术在铣削、钻削和磨削中的应用，可供广大读者参考。从技术层面来说，微量润滑技术在车削中的应用与铣削基本一致，因此本书不做赘述，有需要的读者可以参考本章参考文献。

5.1 微量润滑雾化系统

与传统的浇注式润滑切削相比，微量润滑技术在降低切削力、减缓刀具磨损方面表现出更大的优势。许多研究人员在分析研究微量润滑雾化原理的基础上，设计并制造了基于不同原理的微量润滑装置，并获得了相关的发明专利。目前微量润滑装置的雾化原理主要有喷嘴单级雾化和腔体-喷嘴双级雾化。对于润滑剂的供给方式，则主要有负压引液式、分压内嵌式和微泵供液三种。随着微量润滑技术的不断推广和应用，商业化的微量润滑装置越来越多，进一步扩大了微量润滑技术的应用范围。本节主要分析了微量润滑装置的两种雾化原理和三种供液方式。

5.1.1 喷嘴单级雾化系统

喷嘴单级雾化方式是指润滑剂在抵达切削区前仅在喷嘴处被雾化，在整个传输过程中润滑剂只有一次雾化过程。对于单级雾化系统，喷嘴是实现雾化的重要部件。对于润滑剂的供给方式，单级雾化系统中一般采用负压引液式或精密润滑泵供液方式。

▷▷ 1. 负压引液式

负压引液式微量润滑系统中的关键部件是产生负压从而使润滑剂被吸入管道的吸液装置。吸液装置的主要结构为"收缩-扩张"孔，如图 5-1 所示。工作时，压缩气体由入口进入，流经吸液装置中的"收缩-扩张"孔，由于孔截面面积变小，气体压力随之降低，而腔室中压力与压缩气体入口处相同，这使得腔室内气体与"收缩-扩张"孔处气体产生压力差，从而使腔室中的润滑剂流入吸液装置中，此时，通过流量调节旋钮就可以改变润滑剂的流量，同时，吸液装置中的润滑剂在压缩气体的推动下，流入传输管路，并沿着管壁流动到喷嘴处，在喷嘴的收缩作用下雾化并伴随着压缩气体高速喷出。负压引液式微量润滑系统及实物如图 5-1 所示。

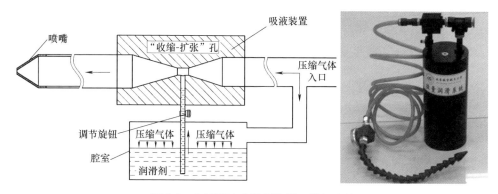

图 5-1　负压引液式微量润滑系统及实物

在该装置中，润滑剂仅依靠压缩气体流动产生的负压就可进入管道，无须额外的吸液措施，具有结构简单、整机质量小、易操作、制造成本低的优势，可适于批量生产。但是单纯依靠负压进行吸液，在使用过程中存在起动时间长、润滑剂用量难以精确控制的缺点。在试验研究及生产实际中可根据实际需求合理使用该类装置。

▷▷ 2. 精密润滑泵供液方式

为改善负压引液式系统润滑剂用量难以精确控制的缺陷，研究人员采用精密润滑泵来精确控制加工过程中润滑剂的用量。与传统浇注式润滑切削每小时几十升的润滑剂用量相比，微量润滑中润滑剂的用量缩减到每小时几十毫升，采用普通的润滑泵已经不能达到精确控制润滑剂用量的目的。在选用精密润滑泵时，应保证能在润滑剂用量范围（一般在 0~70mL/h）和系统压力范围（一般在 0.2~1.0MPa）内对润滑剂进行精确控制，以满足微量润滑的需要。使用精密润滑泵供液还能够根据具体的加工工况对润滑剂的用量进行设置，操作简单，且易于实现自动控制。但是，一般这种供液原理的润滑泵将使供液过程为断续状态，可能造成在加工过程中对切削区的润滑效果也是断续的，进而影响加工效果。精密润滑泵不同于普通润滑泵，其结构复杂，系统零件加工和装配精度要求高，设计和制造的成本都较高，进而限制了润滑泵的应用。

5.1.2 腔体-喷嘴双级雾化系统

腔体-喷嘴双级雾化是指润滑剂在抵达切削区前分别在腔体和喷嘴处被雾化，在整个传输过程中润滑剂存在两次雾化过程。对于双级雾化系统，润滑剂先在腔体内部进行第一次雾化，气雾混合两相流体通过管路通道到达喷嘴，进行第二次雾化。腔体-喷嘴双级雾化系统中最常用的为分压内嵌式系统。

分压内嵌式微量润滑系统是通过压力控制阀调节液压，实现对供液量的第一次控制，再通过油管上设置的调节阀，实现对供液量的二次控制，从而获得微量的润滑剂流量而不损失气压的一种微量润滑装置。其内部结构及实物如图 5-2 所示。其中压缩空气分为两路，一路经调压阀进入主腔体，使润滑剂在压力差的作用下向上流入内层管的同时，在腔内与润滑剂混合，进行第一次雾化，所形成的气液两相流体通过内层管传输，并由流量调节阀控制润滑剂用量，最后到达喷口处；另一路压缩空气进入内嵌腔，直接作为二次雾化的动力通过外层管到达喷口，在喷口与内层管传输的润滑剂流体实现二次雾化，作用于切削区。

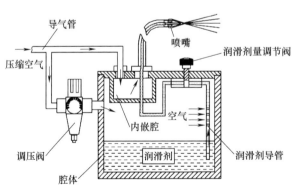
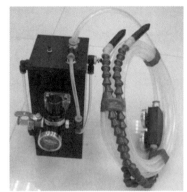

图 5-2 分压内嵌式微量润滑系统示意图及实物

腔体-喷嘴双级雾化系统中，润滑剂在腔体内实现第一次雾化，腔内雾化原理可以概述为：高压气体经调压后分成两路进入主腔体内部，一路从侧面喷吹锥形体，同时给腔内润滑剂压力，通过腔体底部引流管将润滑剂从下到上引导至微细雾化喷嘴内，气体一路从上而下，通过微细雾化喷嘴将润滑剂雾化。润滑剂雾化后直接喷射到锥形体上，并受到侧面喷吹的气体作用加强雾化，然后经过管路输送至一次沉淀室内，部分雾滴由于摩擦阻力等因素聚集在一次沉淀室内壁，回流到主腔体内，剩余雾化颗粒流经二次沉淀室后经外部或内部喷嘴喷射至切削区。该装置在腔内即实现雾化，运输过程中单管运输，内部是润滑剂的雾化颗粒。腔内雾化原理如图 5-3 所示。

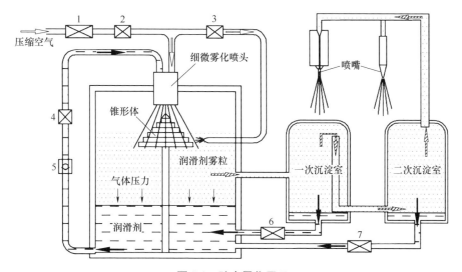

图 5-3 腔内雾化原理

1—开关阀 2、3、4—调压阀 5、6、7—单向阀

5.1.3 喷嘴部件

对于单级雾化系统，喷嘴是获得油雾的关键部件。目前，实现润滑剂雾化的喷嘴类型主要有压力型喷嘴、旋转式雾化喷嘴以及介质式雾化喷嘴等。基于不同的雾化原理，这几类喷嘴均能实现良好的雾化，在实际生产中也有诸多应用。

1. 压力型喷嘴

压力型喷嘴可分为直射式和离心式。直射式喷嘴是利用高压液体直接经过一个小孔射到气流中，从而完成雾化的喷嘴，如图 5-4 所示。离心式喷嘴的工作原理是：较高压液体通过旋流室获得旋转动量，在从喷嘴喷出之前先形成高速旋转流动的流体，液体离开喷嘴出口后，在离心力作用下展成薄的油膜，如

图 5-5 所示。离心式喷嘴雾化锥角比直射式喷嘴大得多，并且具有较好的雾化效果，在工程上应用较广。离心式喷嘴实际是一种简单机械压力雾化喷嘴，具有结构简单、雾化能耗小、运行可靠的优点。

图 5-4 直射式喷嘴结构简图

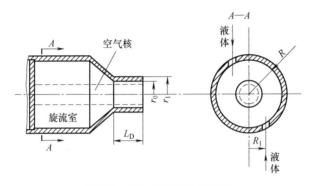

图 5-5 离心式喷嘴结构简图

▶▶2. 旋转式雾化喷嘴

旋转式雾化喷嘴是利用机械旋转来提供动力，带动与其相连接的装置进行旋转，利用旋转产生的离心力将液体从杯形（碟形）或带孔盘形旋转装置中喷甩出去而产生雾化。通常机械旋转装置的转速很高，达每分钟几万转，所以能提供较为充足的离心力，迫使液体甩出雾化。在此过程中，离心力、空气阻力和表面张力共同作用，使薄液膜分离雾化。这种喷嘴流动损失小，液滴尺寸分布比其他类型的喷嘴均匀得多，因而广泛使用在要求产生均匀雾滴的场合，但它对机械能的要求较高，转速越高，雾化越好，这使得对电动机和转轴的稳定性提出了更高的要求。此外，它存在着雾化锥角较大，且喷雾锥角可调性也较差的问题，这使得在很多特殊场合不能使用。

▶▶3. 介质式雾化喷嘴

介质式雾化是利用外部介质——压缩气体对液体的剪切作用形成细小雾滴的一种雾化技术。其雾化实质与压力型喷嘴的雾化原理基本相同，仅加强了外部介质对液体的作用。因其可产生气液混合相的流体，因此这种喷嘴可称为双流体雾化喷嘴，也称气动喷嘴、空气雾化喷嘴。通过高速空气与较低速度的液柱或液膜之间形成碰撞、摩擦，即液柱或液膜所受的外力（冲击力、摩擦力）大于液流的内力（表面张力和黏性力），使液柱或液膜破碎。

在各类喷嘴部件中，介质式雾化喷嘴在微量润滑装置中应用最为广泛。严鲁涛在其博士论文中介绍了一种多层雾化喷嘴，如图 5-6 所示。该喷嘴采用套管形式，润滑剂的使用量极小，在喷嘴中心设置中心孔以使冷却液在孔内聚集成连续体。冷却液和压缩气体在喷嘴端部混合，并被雾化为极微小的雾粒，这些雾粒直径小，均匀度高。润滑剂及压缩空气经过双层喷嘴的内外层，润滑剂和空气在喷嘴内侧前端混合，实现润滑剂的充分雾化。

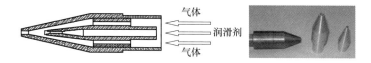

图 5-6 多层雾化喷嘴的结构及实物

在微量润滑磨削过程中，为提升磨削液雾化性能，使雾滴冲破砂轮表面气障层并有效注入磨削区，毛聪等设计了一种双喷口结构的喷嘴，其工作原理及结构如图 5-7 所示。该喷嘴包含两个喷口（主喷口和辅助喷口）。雾化后的高速雾滴通过主喷口注入磨削区，对工件进行润滑和冷却。在主喷口前端有一辅助喷口，辅助喷口喷出具有一定角度的雾滴并率先喷射到砂轮表面，破坏砂轮周围的气障层，使得磨削区附近出现瞬时真空或低压区，从而使主喷口喷出的雾滴能够更为有效地进入磨削区。

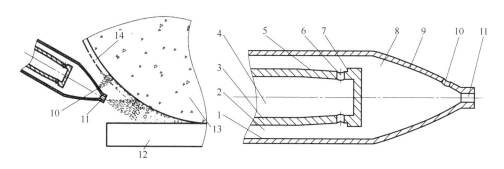

图 5-7 双喷口喷嘴的工作原理及其结构

1—气管　2—气体入口　3—切削液管　4—切削液入口　5—圆锥面　6—径向孔　7—管肩
8—混合室　9—圆弧面　10—辅助喷口　11—主喷口　12—工件　13—砂轮　14—气障层

▶▶ **4. 其他典型喷嘴**

张敏在其论文中介绍了一种 MQL 气泡雾化喷嘴，其结构示意图如图 5-8 所示。气泡雾化喷嘴是一个两级的雾化器。在气泡雾化喷嘴中，首先利用小孔装置在混合室产生气泡两相流，当气泡两相流流出喷嘴喷孔时，气泡中的压力突降到常压，两相流的气泡在内外压差的作用下急速膨胀并发生爆裂。爆破界面上的压力突变是液体雾化的动力，气泡周围的液体由气泡向外膨胀压缩到反向中心快速冲击，在气泡爆破压力波和液体的相互撞击作用下，液体被雾化，而且雾化后的颗粒直径变得极其微小。液体的黏性力差别很大，而表面张力的差别不大，因此，气泡雾化喷嘴对液体的适应性非常好，气液的表面张力相对黏性力较小，且气泡雾化喷嘴主要克服的是液体表面张力，所以气泡雾化喷嘴所需能量也较小。

牛晓钦在其论文中介绍了一种扇形雾化喷嘴，其结构如图5-9所示。喷嘴主要由O形密封圈、左螺母、进液管、进液塞、注气管、混合腔体、右螺母、喷头八个零件组成。注

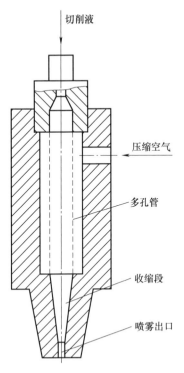

图 5-8 MQL 气泡雾化喷嘴
结构示意图

气管左端通过管螺纹与外气源管道连接，左螺母与混合腔左端外螺纹连接。进液管与混合腔通过螺纹连接。进液塞一方面起到混合腔与进液管之间的密封作用，同时对注气管也有支承作用。喷头则采用燕尾槽锥尾与混合腔紧密连接，并用带底座的右螺母与混合腔的螺纹连接，将喷头与混合腔卡紧。喷嘴多处采用螺纹连接，方便拆卸和更换。

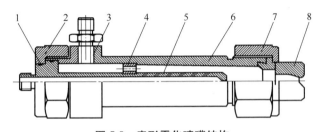

图 5-9 扇形雾化喷嘴结构

1—O形密封圈 2—左螺母 3—进液管 4—进液塞
5—注气管 6—混合腔体 7—右螺母 8—喷头

王洋在其论文中介绍了一种用于形成油膜附水滴切削液的复合式雾化喷嘴，其结构如图 5-10 所示。该喷嘴主要由喷嘴主体部分和喷头两部分组成，包含了 Y 形喷嘴和内混式喷嘴两种结构。该喷嘴的主要工作原理为：压缩空气由喷头主体部分的压缩空气入口 1 进入，与液体入口 2 进入的液体（油或水，本雾化喷嘴需要两个主体部分）经过雾化喷口 3 进入初次雾化腔 7，再经过与导液口 6 连接的导管由导液管接口 10（与中心线夹角为 60°，以中心线为轴的环形阵列的四个口）进入喷头部分的混合雾化腔 11，最后由雾化喷口 13 喷出，在空气扰动、液体表面张力等作用下进一步撕裂、雾化、混合形成油膜附水滴切削液。

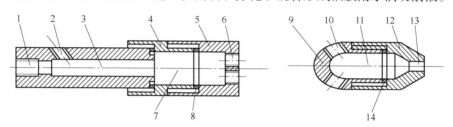

图 5-10   复合式雾化喷嘴喷头主体部分和喷头部分

1—压缩空气入口   2—液体入口   3—雾化喷口   4—初次雾化腔前段   5—初次雾化腔后段
6—导液口   7—初次雾化腔   8—密封圈   9—喷头前段   10—导液管接口
11—混合雾化腔   12—喷头后段   13—雾化喷口   14—密封圈

目前微量润滑系统中使用的喷嘴多以介质式雾化喷嘴为主，将液体注入高速气流中，在混合腔室形成气泡流，再经喷口雾化，克服液体的表面张力爆破，得到均匀细小的液雾。

微量润滑系统未来发展方向集中于研究具有更高雾化性能的喷雾系统，以提高微量润滑剂的冷却润滑性能；开发适用性更广的内部微量润滑装置，或者实现外转内润滑功能的专用模块；开发可自动调整位姿、流量大小的外置式智能化喷嘴，实现加工过程的自动化；设计微量润滑专用刀具，提高刀具寿命；进一步研究数控机床与微量润滑系统的集成问题，实现切削和润滑操作的一体化。

5.2   微量润滑技术在铣削加工中的应用

微量润滑技术具有减小摩擦，降低切削力、切削热和刀具磨损，提高工件表面质量等优势，适用于难加工材料的切削加工。各国学者在微量润滑铣削加工钛合金、高温合金和高强钢等材料上进行了大量试验研究，证明了在一定条件下微量润滑的加工性能较干式和浇注式有着一定的优势。此外，本节还针对薄壁件的铣削加工，提出了薄壁件形状误差的影响因素，分析了微量润滑技术对薄壁件加工的影响。

▶ 5.2.1 微量润滑技术在钛合金铣削中的应用

▶ 1. 钛合金铣削影响因素

钛合金材料广泛应用于飞行器制造、船舶、化工等行业，具有比强度高、抗拉裂、无磁、透声、耐蚀等良好的综合性能。钛合金的主要切削性能包括导热性能低、高温时与气体发生剧烈化学反应、塑性低、弹性模量低、弹性变形大等。切削钛合金材料时，黏刀现象明显，切屑卷曲不易快速排除。

高昆等开发了可用于飞机战伤抢修的微量润滑装置并通过钛合金 TC4 蒙皮润滑切削对比试验表明，在干切削中，后刀面平均磨损量 VB 达到 0.3mm 时，切削长度达到了 320mm，而采用微量润滑时，切削长度可达到 1050mm，刀具寿命提高了 228%，如图 5-11 所示。

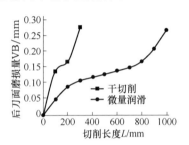

图 5-11　后刀面磨损量
随切削长度变化曲线

Liu 等在微量润滑铣削钛合金 Ti-6Al-4V 时发现空气压力、喷射距离和切削液流量会对 MQL 雾粒渗透产生显著影响，优化后的 MQL 切削参数可有效减小切削力和降低切削温度，提高铣削加工性能。

蔡晓江等研究了 Ti-6Al-4V 的 MQL 高速端铣中供油速率对切削力和表面粗糙度的影响，结果表明：在切削力方面，MQL 油雾可以渗透到切削区，减小摩擦力。与干式切削相比，最低 2mL/h 的供油速率下的三向切削力 F_x、F_y 和 F_z 分别降低了 28%、32% 和 16%，而最高 14mL/h 的供油速率下分别降低了 44%、40% 和 24%，如图 5-12a 所示；在表面粗糙度方面，如图 5-12b 所示，比较了径向进给方向和轴向进给方向的表面粗糙度 Ra 值，干式切削时两个方向的表面粗糙度结果最差。供油速率与 Ra 呈正相关关系，且随供油速率从 2mL/h 增加到 14mL/h，表面粗糙度值在两个方向上迅速下降，证明 MQL 油雾能有效穿透刀具-切屑和刀具-工件界面，使前刀面和后刀面都能得到较好的冷却润滑效果。

苏宇等研究了冷却润滑方式对钛合金高速铣削加工性能的影响，在干式铣削、浇注式润滑、常温氮气 MQL、低温氮气射流和低温氮气 MQL 等冷却润滑条件下进行了钛合金的高速铣削对比试验，试验结果表明：低温氮气 MQL 能够最有效地抑制刀具磨损，如图 5-13 所示。

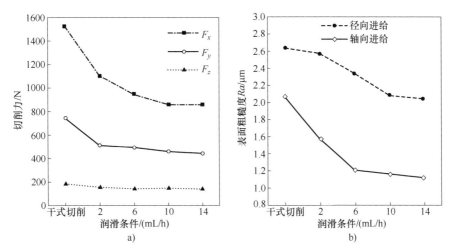

图 5-12　供油速率对切削力和表面粗糙度的影响

a) 切削力　b) 表面粗糙度

Park 等在不同的冷却润滑条件
（传统浇注式润滑、纳米颗粒微量润
滑、外部液氮低温冷却、内部液氮
低温冷却、纳米颗粒增强微量润滑
结合内部液氮低温冷却）下，进行
了钛合金 Ti-6Al-4V 的铣削试验。试
验中记录了刀具后刀面磨损量，发
现只采用液氮的冷却方式会导致刀
具破损，其原因是液氮只能起到冷
却作用而无润滑作用，从而使切削
力极大。纳米颗粒增强微量润滑结

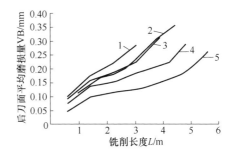

图 5-13　不同冷却润滑条件下
铣刀后刀面磨损曲线

1—干式铣削　2—浇注式润滑　3—常温氮气 MQL
4—低温氮气射流　5—低温氮气 MQL

合内部液氮低温冷却下刀具磨损量最小，其次是纳米颗粒增强微量润滑和传统
的浇注式润滑。综合各试验研究参数，在铣削钛合金 Ti-6Al-4V 时，相较于传统
浇注式润滑方式，采用纳米颗粒增强微量润滑结合内部液氮低温冷却技术使刀
具使用寿命提高了 32%。通过钛合金的车削试验发现，低温液氮结合 MQL 可显
著改善加工状态，但同时会导致钛合金的加工硬化，进而造成刀具过度磨损及
切削力的增加。

Yuan 等通过钛合金 Ti-6Al-4V 的铣削试验对比了不同冷却润滑条件（干式、
浇注式、MQL 和低温 MQL）对切削力、刀具磨损和表面粗糙度的影响。在切削
力方面，与干式和浇注式切削相比，MQL 充分发挥了冷却润滑作用，获得了更

小的切削力。然而，由于 MQL 切削环境温度为 17℃，低温（0℃，-15℃，-30℃，-45℃）MQL 获得的切削力更小，如图 5-14 所示。在刀具磨损方面，干式条件下后刀面磨损最严重，刀具寿命最短，这是由于较高的切削温度和刀具-工件间的剧烈摩擦所导致的。MQL 和浇注式不能明显降低后刀面磨损的增长率。然而，低温 MQL 除 0℃ 以外，大幅度减小了后刀面磨损增长率，延长了刀具寿命，如图 5-15 所示。在表面粗糙度方面，低温 MQL 由于可以显著地减小切削力和刀具磨损量，所以同样得到了更好的表面质量，如图 5-16 所示。这种结果主要是由于：①润滑和冷却效果较好，刀具-切屑和刀具-工件界面的摩擦力较小，此外，更好的润滑使切屑更容易滑过刀具表面；②冷却空气流速高，有助于去除碎屑；③切削温度的降低导致附着力的降低。

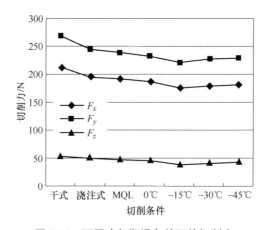

图 5-14　不同冷却润滑条件下的切削力

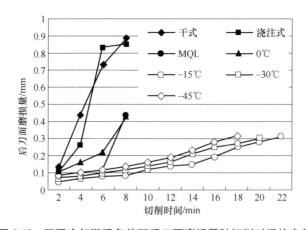

图 5-15　不同冷却润滑条件下后刀面磨损量随切削时间的变化

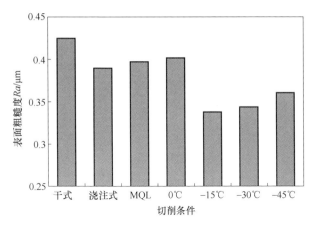

图 5-16　不同冷却润滑条件下的表面粗糙度

2. 应用案例

正如第 4 章所述，单独使用微量润滑技术在钛合金的铣削应用中效果并不理想，须增加额外的冷却措施，如低温冷风或液氮等。试验中选用常用钛合金材料 TC4（Ti-6Al-4V），其化学成分（质量分数）为 Al 6.5%，V 4.25%，Fe 0.04%，C 0.02%，N 0.015%，O 0.16%，H 0.0018%，Ti 余量。TC4 微量润滑铣削试验参数见表 5-1。

表 5-1　TC4 微量润滑铣削试验参数

机床	XK7132 CNC 铣削加工中心
材料	TC4（Ti-6Al-4V）合金，120mm×100mm×30mm
刀具	Stellram，7792 VXD09
刀片	Stellram，XDLT-D41
铣削速度	126m/min
铣削深度	0.25mm
铣削宽度	32mm
每齿进给量	0.25mm/z
MQL 参数	润滑油使用量：80mL/h；压缩气体流量：88L/min
冷风参数	冷风温度：-25℃；冷风流量：280L/min
使用冷却类型	干式切削、传统浇注式切削、冷风切削、MQL、MQL-CA

（1）铣削力　铣削力随时间变化曲线如图 5-17 所示。随着切削过程的进行，刀具磨损量逐渐加大，刀具前、后刀面与工件的接触面积逐渐增大，故而

铣削力有所增大。由于干式切削过程中摩擦剧烈，且刀尖处黏结现象严重，所以干式切削时铣削力最大。MQL系统提供的微雾润滑效果明显，铣削力比干式切削有所降低。冷风切削和传统切削得到了更小的铣削力，这主要源于冷却作用使金属硬度提高，黏度降低，有利于切屑的卷曲和排除。此外，MQL-CA切削提供了充分的润滑冷却作用，因此铣削力最小。

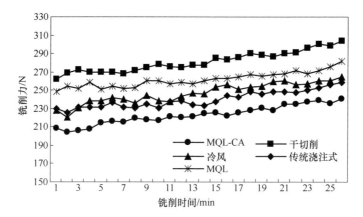

图 5-17　铣削钛合金的铣削力随时间变化曲线

（2）刀具磨损　图5-18所示为刀具后刀面磨损量随时间的变化关系。由于钛合金的材料特性，刀具很快进入了剧烈磨损阶段，尤其是在干式切削状态下，切削区温度高，摩擦剧烈。此外，钛的化学性质极为活泼，可以与氧、氮、氢、碳等元素相互作用。切削加工过程中，切削区温度较高，进一步促进了钛与周围气体的化学作用。加工钛合金过程中，较常出现化学磨损，刀具表面形成一层硬度较低的化合物，随着切屑的高速分离，刀具磨损加快。

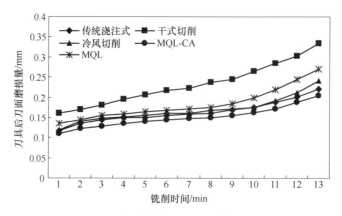

图 5-18　切削钛合金的刀具磨损进程

根据磨钝标准（VB = 0.3mm，ISO 3685：1993），干式切削的刀具寿命为11min。微量润滑切削时刀具寿命得到了一定程度的提高，这主要归因于润滑剂的充分润滑作用。然而，相比冷风切削及低温微量润滑切削，微量润滑切削抑制刀具磨损的作用并不明显，其原因在于，高温情况下，润滑剂在切削区内润滑作用受到影响。冷风切削虽然不能提供较高的润滑性能，但降低切削区温度作用明显，在一定程度上抑制了高温刀具与周围气体的反应，进而改善了刀具的化学磨损，这也反映出切削钛合金时降低切削温度尤为重要。由图 5-18 可知，低温微量润滑切削时刀具磨损得到了明显控制，刀具寿命也最长。

图 5-19 所示为铣削 13min 后各种冷却润滑方式下的刀具形貌。在干式切削、冷风切削及传统浇注式切削的过程中，刀尖处明显出现了金属黏结的现象。这一方面反映出切削钛合金时刀-屑接触区温度高，摩擦剧烈；另一方面反映在这三种冷却方式下，润滑作用不佳。相反，在 MQL 及 MQL-CA 环境下，刀尖处未出现黏结物。

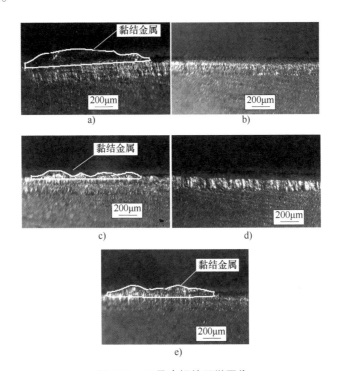

图 5-19 刀具磨损的显微图像

a）干式切削　b）MQL　c）冷风切削　d）MQL-CA　e）传统浇注式

▶ 5.2.2 微量润滑技术在高温合金铣削中的应用

▶ 1. 高温合金铣削影响因素

高温合金按基体金属可分为铁基高温合金、镍基高温合金和钴基高温合金。高温合金具有优良的耐高温、抗氧化和耐蚀等特性，常用于飞机、火箭等关键件的设计中。高温合金由于其复杂、恶劣的工作环境，其加工表面完整性对于其性能的发挥具有非常重要的作用。但是高温合金是典型难加工材料，其微观强化相硬度高，加工硬化程度高，并且其具有高抗剪应力和低热导率，切削区域的切削力和切削温度高，在加工过程中经常出现加工表面质量差、刀具破损非常严重等问题。

张子达等以高温合金 N87（1Cr11Co3W3NiMoVNbNB）为研究对象，研究了 MQL 参数（润滑剂用量、气流量、喷嘴距离）对加工质量的影响规律和显著度。根据正交试验的结果分析，对于刀具磨损，气流量的影响最大，喷嘴距离次之，润滑剂用量最小。对于表面粗糙度，气流量和润滑剂用量的影响较大，喷嘴距离最小，说明气流量是影响加工质量的主要因素。

田荣鑫等通过常规乳化液润滑和低温 CO_2 微量润滑插铣高温合金 GH4169 的试验，验证了低温 CO_2 微量润滑对切削力有显著影响。如图 5-20 所示，与常规乳化液冷却条件相比，CO_2 低温微量润滑冷却大幅地降低了插铣径向切削力和轴向切削力，有助于减缓刀具磨损，可以通过改变冷却条件提升高温合金 GH4169 插铣刀具寿命。

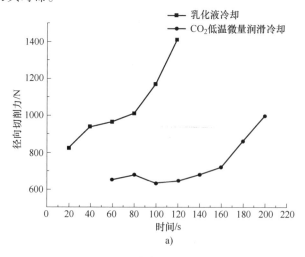

图 5-20　两种冷却方式下的切削力

a）径向切削力

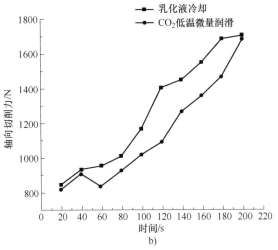

图 5-20　两种冷却方式下的切削力（续）

b）轴向切削力

　　李郁等在乳化液、低温 CO_2、MQL 和低温 CO_2 微量润滑条件下插铣 GH4169，以研究冷却润滑方式对刀具寿命的影响。试验得到四种冷却润滑方式下的刀具后刀面磨损曲线如图 5-21a 所示，根据磨损曲线所拟合得到的刀具磨损速率曲线如图 5-21b 所示。可以看到，低温 CO_2 微量润滑切削的刀具磨损量明显低于其他三种润滑方式，低温 CO_2 微量润滑的刀具磨损增长速度最慢，冷却润滑效果最好。因为低温 CO_2 微量润滑一方面通过低温带走了大量切削热，同时切削区刀具与工件之间得到了充分的润滑，极大降低了刀具与工件之间的干摩擦，减少了切削热的产生。

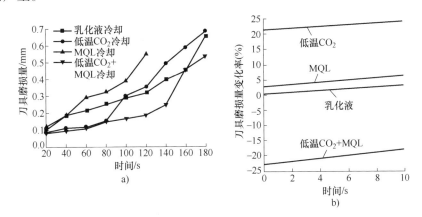

图 5-21　四种润滑方式下的后刀面磨损情况

a）磨损曲线　b）磨损速率曲线

Zhang 等通过在干式和低温冷风 MQL 条件下铣削 Inconel 718 的试验，研究不同切削条件下的刀具磨损和切削力以及刀具磨损变化和切削力变化的关系。在刀具磨损方面，如图 5-22 所示，两种条件下的刀具磨损曲线均呈三个阶段，即初期磨损阶段、正常磨损阶段和剧烈磨损阶段。两条曲线表现出明显的差距，MQL-CA 的刀具磨损全程低于干式切削下的刀具磨损，证明切削条件对刀具磨损影响较大。在切削力方面，图 5-23 所示为在干式和 MQL-CA 条件下端铣 Inconel 718 的切削力。结合图 5-22 和图 5-23 可以看出，切削力变化分量和后刀面磨损量的增加有直接关系。在加工初始阶段，两种切削条件产生的切削力都很低。随着切削时间的增加，刀具边缘变钝，产生更高的摩擦系数，刀具-切屑和刀具-工件界面的接触面积增大，导致产生高切削力，所以刀具后刀面磨损量的增加是切削力逐渐增加的原因。随后在干式切削条件下，试验结束时切削力分量急剧下降，这是由于切削刃严重断裂导致轴向和径向切削深度减小。

Kasim 等在 MQL 条件下铣削 Inconel 718，研究了切削参数对切削热的影响。试验中采用 NEC Thermo GEAR 红外热像仪记录切削温度，并基于回归方法建立了表面粗糙度 Ra 值和切削参数间的数学模型。通过方差分析（ANOVA）证明了模型的显著性，并分析得出切削热的产生主要受切削宽度的影响，其次为切削深度影响，进给量和切削速度的影响并不明显。最终经过模型预测，在切削速度为 117.22m/min、进给量为 0.11mm/z、切削深度为 0.57mm、切削宽度为 0.21mm 的条件下，获得了 68.8℃ 的最低铣削温度。

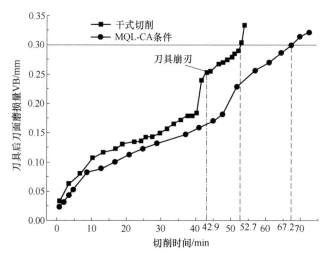

图 5-22　不同切削条件下刀具后刀面
磨损量 VB 随时间变化的曲线

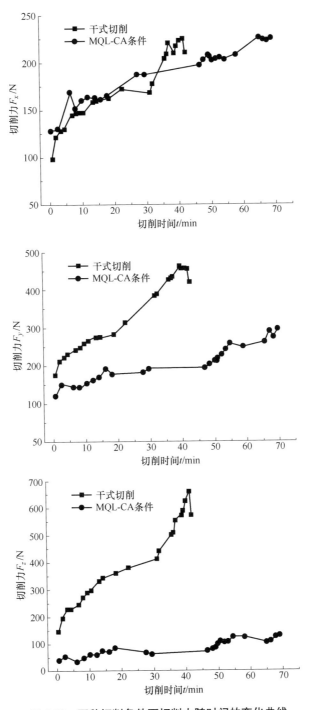

图 5-23　两种切削条件下切削力随时间的变化曲线

▶▶ 2. 应用案例

以 GH4169 切削为例，GH4169 是一种镍基高温合金，其化学成分（质量分数）为：C 0.07%，Cr 20.0%，Ni 53%，Co 0.7%，Mo 3.0%，Al 0.5%，Ti 1.0%，Fe 为余量。该材料具有热导率低、加工硬化严重、切削时黏结现象严重、刀具磨损剧烈等特点。为提高 GH4169 材料的加工特性，加工时通常采取的措施有：选择高特性刀具并保证刀尖的锋利度；切削用量不宜过大，一般为中低速，可以适当提高切削深度；需要提供切削液等制冷措施；机床应具有良好的刚性和较高的功率。

GH4169 切削试验参数见表 5-2。

表 5-2　GH4169 切削试验参数

机床	DMU 80T CNC 加工中心
材料	GH4169（Inconel 718），ϕ110mm×30mm（棒材）
刀具	山特维克（Sandvik），两齿
刀片	山特维克（Sandvik），1030，1030R08，PVD 涂层
铣削速度	31.4m/min
铣削深度	0.5mm，0.75mm，1.0mm，5.0mm
铣削宽度	2.0mm，4.0mm
每齿进给量	0.025mm/z，0.050mm/z，0.075mm/z
MQL 参数	润滑剂流量：12mL/h；压缩空气流量：88L/min
冷风参数	−5℃；280L/min
传统浇注式	乳化液（水基）
使用冷却类型	传统切削，MQL-CA

（1）铣削力　铣削力的测量系统由 Kistler 9257B 型高速精密测力仪、5070A 型电荷放大器以及力信号采集分析软件 Dyno Ware V2.41 组成。图 5-24 所示为铣削深度为 1.0mm 时不同润滑方式下的三向铣削力。X、Y 向铣削力大，Z 向铣削力小。MQL-CA 方式明显降低了三向铣削力。这说明，MQL-CA 有效减小了切削区内的摩擦，并减少了由摩擦引起的热量。由于切削力的降低，刀具使用寿命将增长，加工效率得到提高。

铣削加工 GH4169 时，平均铣削力随铣削深度及每齿进给量的变化曲线如图 5-25所示。随着铣削深度及每齿进给量的增加，金属的变形抗力以及刀具-切屑、刀具-工件间的摩擦力增加，故而总铣削力明显增加。对比不同的润滑方式，低温微量润滑切削明显降低铣削力，这是由于低温微量润滑一方面提供高速油雾，具有较高的渗透能力，可有效降低切削接触区的摩擦力；另一方面，低温气体降低了切削区的环境温度，使切削热有效传递，进而改善了金属的黏刀、摩擦等影响。

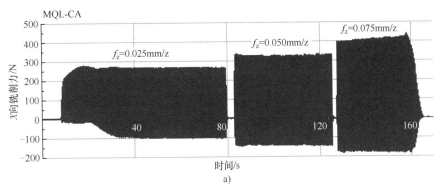

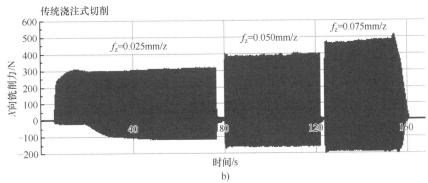

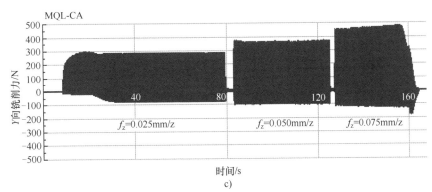

图 5-24　不同冷却方式下的三向铣削力

a）MQL-CA 切削 X 方向铣削力　b）浇注切削液切削 X 方向铣削力

c）MQL-CA 切削 Y 方向铣削力

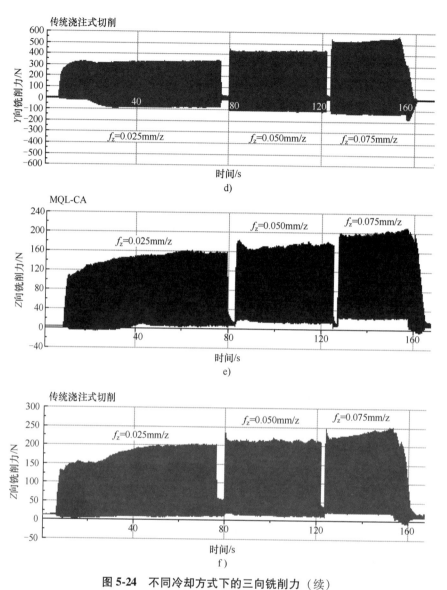

图 5-24　不同冷却方式下的三向铣削力（续）

d）浇注切削液切削 Y 方向铣削力　　e）MQL-CA 切削 Z 方向铣削力

f）浇注切削液切削 Z 方向铣削力

（2）刀具磨损　图 5-26 所示为切削 6min 后的刀具磨损图像。由于高温合金的难加工特性（强度高、塑性大、低热导率、黏结等），刀具承受很大的压应力，刀具-切屑及刀具-工件间剧烈摩擦，刀具很快进入剧烈磨损阶段，两种环境下均出现了强烈的磨粒磨损现象。在浇注切削液的环境下，刀具表面产生急冷效应，局部应力集中，又由于切削区温度极高，黏结严重，所以刀具的局部金

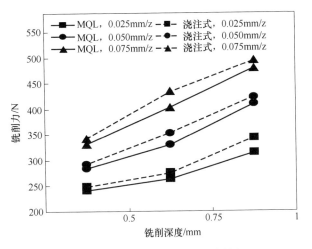

图 5-25 不同切削参数下的铣削力

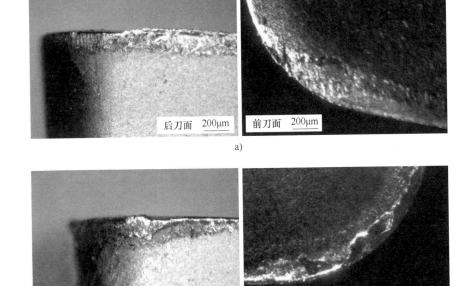

a)

b)

图 5-26 不同冷却方式下的刀具磨损（铣削时间：6min）

a）MQL b）传统浇注切削液

属被切屑带走，刀具表面发生微崩刃。低温微量润滑切削通过润滑及冷风降温的方式降低切削区的温度，而且温度值恒定，未出现急冷效应，因而刀具表面只发生磨粒磨损。

由于传统加工中切削液为浇注形式，切屑易缠绕在刀具上，影响刀具及工件表面质量。如图 5-26b 所示，刀具的后刀面明显存在刮蹭痕迹。而 MQL-CA 切削过程中，气流速度一般为几十米每秒，更利于除屑，因而刀具表面也得到了保护。

（3）表面粗糙度 已加工表面粗糙度是表面质量的重要衡量指标之一。图 5-27所示为两种冷却方式下获得的已加工表面粗糙度 Ra 值，随着每齿进给量的增加，工件的残余面积高度增加，表面粗糙度 Ra 值明显增大。GH4169 高温合金切削时，切削区温度极高，黏结现象严重，且刀具磨损迅速。MQL-CA 时，充分的冷却润滑作用减小了刀具与工件材料间的摩擦系数和黏结，使积屑瘤及鳞刺减小，显著提高已加工表面质量。由图 5-27 可知，传统浇注式冷却得到的工件表面粗糙且存在明显交错的纹路，而 MQL-CA 得到的工件表面较为光滑平整。

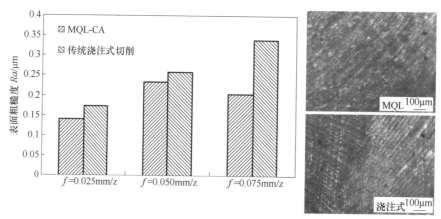

图 5-27　不同切削参数下的工件表面粗糙度 Ra 值

（4）加工硬化 由于加工过程中，已加工表面经受了复杂的塑性变形，因而表层会发生加工硬化。其主要原因有刀具结构（刀具前角、切削刃钝圆半径等）、工件的塑性、切削参数的选择、冷却润滑方式等。

切削 GH4169 材料得到的已加工表面硬度如图 5-28 所示。工件硬

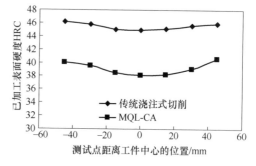

**图 5-28　不同冷却方式下
得到的工件表面硬度**

度从中心处向外逐渐升高，这是因为工件在铸锻过程中表层金属被剧烈挤压，硬度较高。低温微量润滑方式下得到较低的表面硬度，其主要原因在于低温微量润滑有效抑制了刀具磨损，也即减小了切削刃钝圆半径，金属残余高度减小，则残余层金属被切削刃钝圆部分挤压后得到的硬度较低。此外，已加工表面从高温环境进入冷却环境，发生急冷效应也是重要原因之一。传统浇注切削液的方式并不能有效降低切削区温度，因而已加工表面经历的环境温差较大，更易产生急冷效应。

5.2.3 微量润滑技术在高强钢铣削中的应用

1. 高强钢铣削影响因素

按照国际钢铁协会（World Steel Association，WSA）对高强钢的定义，抗拉强度在 340~780MPa 或屈服强度在 210~550MPa 范围内的钢为高强钢（High Strength Steel，HSS），抗拉强度大于 780MPa 或屈服强度大于 550MPa 的钢为超高强钢（Ultra High Strength Steel，UHSS）。高强钢因其高强度、高塑韧性而具有以下加工特点：切削力大，在相同的切削条件下切削力是切削 45 钢的 1.17~1.49 倍，切削温度高，刀具寿命短，断屑性能差等。

张慧萍等进行了干式与低温 MQL 条件下的高速铣削 300M 钢试验，研究不同冷却润滑方式对刀具磨损的影响。结果表明：低温 MQL 能够有效地减小后刀面磨损，如图 5-29 所示；冷风温度为 -45℃、空气压力为 0.7MPa、润滑剂用量为 40mL/h 时，低温微量润滑技术的作用效果最好；通过电子扫描显微镜的观察分析发现，相较于干式切削，低温 MQL 技术能够有效降低刀具磨粒磨损、刀具表面的黏结磨损、后刀面边界处的氧化磨损以及轻度的扩散磨损。

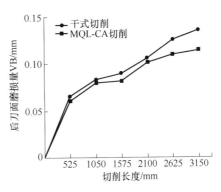

图 5-29 干式和低温 MQL 切削条件下的后刀面磨损对比

袁松梅等对高强钢 PCrNi2MoVa 进行了铣削试验，研究不同切削条件下（干式、传统浇注式和微量润滑）主轴转速对刀具磨损和表面粗糙度的影响。在主轴转速方面，在低转速时，三种冷却方式后刀面磨损量基本相同，随着转速增加，微量润滑更显优势，转速达 4000r/min 时，后刀面磨损量较其他两种方式减小约 1/3，如图 5-30a 所示。同样地，当转速增加到一定值时，微量润滑条件下的表面粗糙度明显小于其他两种冷却方式，如图 5-30b 所示。这是由于在低速铣削时，铣削区的温度不是很高，各冷却条件下刀具磨损量和表面粗糙度相差不多，而当转速增大后，铣削区的温度急剧上升，由于微量润滑渗透能力极强，具有更好的冷却润滑能力，得到了更好的加工性能。

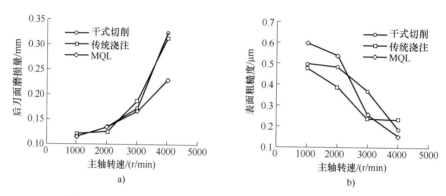

图 5-30　刀具后刀面磨损量、表面粗糙度随主轴转速变化曲线

Cordes 等采用低温 CO_2 微量润滑技术进行了高温高强度不锈钢（X12CrNiWTiB16-13）的铣削试验，研究低温 CO_2 微量润滑技术对切削温度的影响。结果表明：较传统微量润滑方式，低温 CO_2 冷却微量润滑技术使工件温度从 80℃降至 50℃，降低了 38%；使刀体的温度从 70℃降至 40℃，降低了 43%；使切削刃处的温度从 180℃降至 80℃，降低了 55%，如图 5-31 所示。

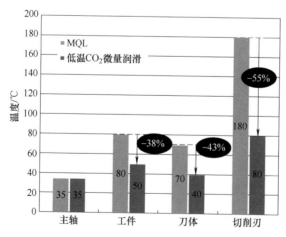

图 5-31　两种冷却润滑方式下主轴、
工件、刀体和切削刃的温度

Rahman 等通过 ASSAB 718 HH 钢 MQL 铣削加工试验，研究了微量润滑加工参数对刀具磨损量、表面粗糙度、切屑和切削力的影响。结果表明：MQL 完全可以被视为替代干式切削且也可能被认为是替代传统浇注式冷却的技术。在低速、低进给量和低切削深度时，MQL 条件下的后刀面磨损量和切削力最低。MQL 加工中获得的表面粗糙度与传统浇注式冷却类似，但优于干式切削。MQL 的切屑毛刺高度和毛刺长度在所有方式中最小，与传统浇注式冷却和干式切削不同，MQL 不黏屑。

严鲁涛等在高强钢 30CrNi2MoVA 的铣削试验中比较了干式切削、传统浇注式切削、低温冷风切削和低温冷风微量润滑切削的冷却润滑效果，研究了这几种冷却润滑方式对切削力、刀具磨损量、表面粗糙度和切屑的影响。试验结果表明：在所选的材料和切削参数条件下，采用低温冷风微量润滑的铣削力仅为传统切削的 60%，并且其可以较好地抑制刀尖处黏结物的产生，降低刀具磨损量，提高工件表面质量。试验中观测到，使用低温冷风微量润滑方式切削产生的切屑几乎无蓝色区域（蓝色切屑是高温下切屑被氧化形成的），这说明低温冷风微量润滑方式有效解决了高强钢 30CrNi2MoVA 切削区温度高的问题。

2. 应用案例

以高强钢 PCrNi3Mo 铣削加工为例。加工机床为 XK7132 立式铣床，刀具材料为硬质合金，刀具为可转位立式铣刀（$\phi32mm$，两齿）。采用 Kistler 9257B 三分量测力仪记录铣削力；用数显式测量显微镜（15JE）记录刀具磨损量；工件表面粗糙度采用 TR101 型表面粗糙度仪测量。使用两种润滑剂作为润滑材料，其中，MQL-1 使用的润滑剂为一种天然植物油，密度为 $0.928g/cm^3$，黏度（40℃）为 $68mm^2/s$，闪点为 290℃。MQL-2 使用的润滑剂为一种脂肪酸酯，密度为 $0.92g/cm^3$，黏度（40℃）为 $47mm^2/s$，闪点为 265℃。润滑剂用量为 120mL/h，压缩空气压力为 0.5MPa。

铣削 PCrNi3Mo 材料时，主要讨论微量润滑技术铣削的适用性及不同润滑剂对切削性能的影响。该系列试验中，铣削速度为 201.1m/min，铣削深度为 0.5mm，进给速度为 100mm/min，铣削宽度为 32mm。

（1）铣削力 试验得到的铣削力如图 5-32 所示。对比不同润滑方式，微量润滑条件下，铣削力明显降低，说明雾粒状的润滑剂更易于进入切削区实现润滑作用。刀具-切屑及刀具-工件接触区面积直接影响润滑效果，微量润滑的作用主要取决于接触区毛细管的数目，接触面增大，毛细管增多，润滑效果明显。体现在图中即为微量润滑条件下的铣削力值最低。不同润滑剂在铣削时的润滑作用具有一定差别，因为润滑剂的效果除了取决于本身的各种特性外（MQL-1润滑剂黏度相对较高），还取决于工件材料、加工方法和刀具材料等因素。

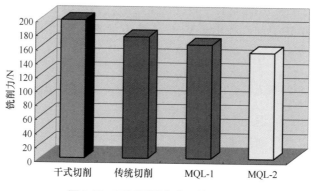

图 5-32   不同润滑方式下的铣削力

（2）刀具磨损量   图 5-33 所示为不同润滑方式下刀具后刀面磨损进程。在铣削过程中由于前后刀面与工件间存在剧烈摩擦作用，使刀具磨损量随铣削时间的增加而增加，由于材料强度大，刀具在短时间内进入剧烈磨损阶段。

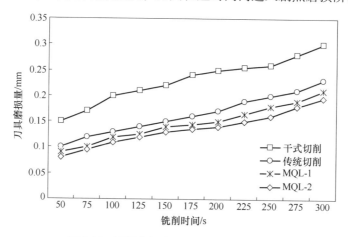

图 5-33   不同润滑方式下的刀具磨损进程

由于试验材料（PCrNi3Mo 钢）碳含量及合金含量均很高，强度大，刀具与工件间的摩擦剧烈，温度高，黏结现象严重，干式切削及传统浇注式冷却方式切削时后刀面磨损严重，且出现了一定程度的崩刃现象。而微量润滑对刀具磨损抑制作用明显，可说明雾状润滑剂减小了切削区域的摩擦作用，而润滑剂雾粒小、速度高是其能进入刀具-工件接触面的主要原因。对比三种润滑方式，微量润滑切削明显改善了刀具磨损，延长了刀具寿命，比干式切削及传统切削都具有优势。

（3）切屑形貌　切屑形貌是影响工件表面质量及切削力大小的重要因素之一，切屑的断离也是自动化生产中的关键问题。切削加工过程中，影响切屑卷曲率、横卷曲率及流屑角的因素很多。比如，被加工材料的性质、切削用量、刀具几何参数、切削液及加工方式等。前刀面的摩擦作用是切屑卷曲的主要原因之一，这是因为前刀面的挤压作用使切屑厚度方向存在不同程度的残余应变，使切屑晶粒翻转从而引起切屑的卷曲。为研究不同切削方式下切屑的类型，收集了加工生成的切屑，如图 5-34 所示。微量润滑铣削得到的切屑为螺卷屑，传统切削得到的切屑为 C 形屑。

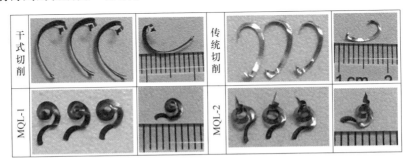

图 5-34　高强钢切屑形貌

在高的应变率下，材料变形方式会发生明显变化，导致材料微结构产生变化，从而引起与微结构有关的流动应力、硬度、韧性以及其他有关力学性质的改变。流动应力的变化由应变强化、应变率强化和高温下的热软化决定，表达如下：

$$\mathrm{d}\sigma_{\mathrm m} = \left(\frac{\partial\sigma_{\mathrm m}}{\partial\varepsilon}\right)_{\dot\varepsilon,T}\mathrm{d}\varepsilon + \left(\frac{\partial\sigma_{\mathrm m}}{\partial\dot\varepsilon}\right)_{\varepsilon,T}\mathrm{d}\dot\varepsilon + \left(\frac{\partial\sigma_{\mathrm m}}{\partial T}\right)_{\varepsilon,\dot\varepsilon}\mathrm{d}T \tag{5-1}$$

式中，$(\partial\sigma_{\mathrm m}/\partial\varepsilon)$、$(\partial\sigma_{\mathrm m}/\partial\dot\varepsilon)$、$(\partial\sigma_{\mathrm m}/\partial T)$ 分别为应变强化（正作用）、应变率强化（正作用）和温度热软化（负作用）。式中的各项相互影响，高应变率下的绝热加热导致切削区温度升高，而温度的升高又可以减小应变率强化。切屑由高温切削区分离后在温差作用下，硬度会逐渐增加，卷屑困难，这也是切屑在传统冷却状态下受一定的急冷作用呈 C 形屑的原因。

干式切削时温度未得到控制，切屑温度高且保持原有形状，故长度相对较长。微量润滑铣削时充分利用润滑剂的润滑特性，温度得到一定控制，且不存在急冷效应，故切屑卷曲较为容易，切削区热量不易积聚。此外，刀具-切屑间摩擦力也是切屑弯曲的重要影响因素。刀具-切屑间摩擦力主要取决于刀具-切屑接触长度，接触区内可分为滑移区和黏结区，两者的大小取决于切削区域的温度。接触长度越小，接触面积越小，越为理想。通过研究，微量润滑相对于传统切削及干式切削，刀具-切屑接触长度较小。其原因在于，微量润滑的润滑性能较好，可有效降低切削温度以及切削力，切屑易于弯曲。从图5-34所示切屑形貌上也可看出，微量润滑得到的切屑曲率半径最小，从而可推断出微量润滑切削时刀具-切屑接触长度最小。

从切屑颜色来看，干式切削时切屑颜色为深灰色，MQL-1作用时切屑呈深蓝色，MQL-2作用时切屑呈银灰色，传统切削时切屑呈银白色，说明干式切削时切削区温度最高，传统切削时切削区温度最低，微量润滑作用介于两者之间。本试验条件下，MQL-2对铣削力的降低作用明显（图5-32），故切削区的温度较低，是切削高强钢的最佳选择。

▷ 5.2.4 微量润滑技术在复合材料铣削中的应用

▷ 1. 复合材料铣削影响因素

复合材料包括树脂基、陶瓷基和金属基等，由于其优异的材料性能，被越来越多地应用于航空航天、轨道交通、海洋工程等军民领域装备的关键部件制造中。

更高的材料性能也对其切削加工带来挑战。然而，在复合材料，尤其是树脂基复合材料加工中若使用传统浇注式切削液，材料在加工时被大量切削液浸润，将会对其基体和增强相界面剪切强度产生负面影响。同时，切削液还会使树脂基复合材料的粉末状切屑发生二次黏结，导致排屑困难，影响刀具使用寿命。因此树脂基复合材料加工时通常使用干式切削。而微量润滑技术使用的切削液仅为每小时几十毫升，经过雾化将润滑雾粒喷射至切削区，在加工中可保持刀具、工件和切屑干燥，避免对材料性能产生负面影响。微量润滑技术提供的润滑雾粒渗透性能强，可有效降低切削界面的摩擦。微量润滑技术可作为树脂基复合材料绿色高效加工的可选方案。同时，针对陶瓷基和金属基复合材料，也有学者尝试应用了微量润滑冷却方式。

Xu等研究MQL对一种由T700/FRD-YZR-03碳/环氧层压板和Ti-6Al-4V板组成的复合钛复合材料堆的钻削过程的影响。利用碳化钨麻花钻进行了一系列的钻削试验，研究了多层叠片加工中微量润滑技术的可行性。对各种钻孔结果进行了定量分析，包括切削力、切削复合孔表面形态、孔缺陷程度、孔几何精度和刀具磨损特征。为了探究MQL加工过程的优势，还对MQL和干式切削条件下的材料可加工性进行了比较研究。结果表明，MQL钻孔在改善复合材料切削孔表面形貌和降低钻头磨损严重程度方面有若干好处，但不能降低钻孔推力，与常规干式切削相比，降低了分层程度，减小了孔的圆柱度误差。

Qu 等研究了微量润滑对单向碳纤维增强陶瓷基复合材料磨削性能的影响。试验结果表明，MQL 能显著改善磨削表面质量，降低磨削力。此外，MQL 成本低，不会产生相当大的污染。根据 MQL 的润滑机理，研究了喷嘴方向、气压、润滑剂流量和喷嘴距离对单向 C_f/SiC 复合材料磨削性能的影响。当喷嘴方向为 15°、气压为 0.5MPa、润滑剂流量为 100mL/h、喷嘴距离为 80mm 时，可获得优异的表面质量和较低的磨削力。形貌分析表明，光滑纤维分离、纤维断裂、纤维出露、纤维拔出和基体裂纹是加工表面的主要破坏形式。此时，纤维拔出的比例最高，而出露的比例最低。在 MQL 磨削过程中，大量的热量被水蒸气带走，可以显著降低磨削温度。同时，在磨粒与材料表面的接触区域形成了有效的油膜。上述因素有利于提高单向 C_f/SiC 复合材料的磨削性能。

Deng 等研究了在干式切削和微量润滑条件下微铣削 45% 体积分数的 SiC_p/Al 复合材料时刀具的磨损行为和表面质量。通过扫描电子显微镜和能谱仪的分析表明，金刚石涂层微磨削的磨损机理为黏着、磨损、氧化、剥离和崩刃。在给定切削参数条件下，与干式切削条件相比，MQL 技术可以提高刀具寿命和减小表面粗糙度值，显著降低切削力。随后，采用有限元模拟方法研究了正交切削切屑形成过程，揭示了增强颗粒对刀具磨损和表面质量的影响。有限元模拟结果表明，局部高应力、金属基体中的硬增强颗粒、剥离颗粒和裂纹颗粒是导致刀具严重磨损和表面形貌差的关键因素。

▶ 2. 应用案例

以碳纤维增强树脂基复合材料 CFRP T700 为例，将微量润滑与旋转超声振动加工（Rotary Ultrasonic Machining，RUM）复合，探索复合材料的绿色高效加工方法。

针对 CFRP 的绿色高效加工，搭建了微量润滑与旋转超声振动复合加工试验平台，如图 5-35 所示。该试验平台主要由五部分组成，包括：微量润滑系统、超声振动系统、机床、锥形磨粒刀具和切削力在线测量系统。试验机床为三轴立式加工中心（沈阳机床，VMC0850B），机床和超声振动系统支持的主轴最大转速为 6000r/min。与机床集成的微量润滑系统和超声振动系统均为著者团队自主研发。微量润滑切削液选择意大利 iLC 公司的 Natural 77 植物基润滑油。切削力在线测量系统主要由三向动态测力仪（Kistler，9257B）、5070A 电荷放大器、5697 A/D 数据采集卡和力信号采集分析软件（Dyno Ware V2.41）组成。

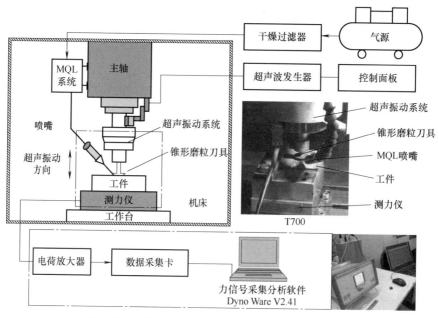

图 5-35 微量润滑与旋转超声振动复合加工试验平台

试验工件材料选择 CFRP T700，其主要力学性能见表 5-3。试验在不同冷却润滑条件下进行，包括干式 RUM，切削液流量为 1mL/h、5mL/h、10mL/h、20mL/h 的 MQL 与 RUM 复合工艺，并对比了它们对切削性能的影响。试验条件及参数见表 5-4。

（1）表面粗糙度测量方法 采用三维光学表面形貌仪（Taylor Hobson CCI MP）对 T700 加工表面质量进行评价。Taylor Hobson CCI MP 采用白光干涉原理，垂直分辨力为 0.01nm，可提供快速、非接触式、高精度的三维表面特征测量。

表 5-3 T700 的主要力学性能

项　　目	参　　数
工件材料	T700
密度 ρ	1.8g/cm^3
泊松比 ν	0.30
弹性模量 E	53GPa
断裂韧度 K_{IC}	$11.5 \text{MPa} \cdot \text{m}^{1/2}$
维氏硬度	0.6HV

表 5-4 微量润滑与旋转超声振动复合工艺切削参数

项 目	参 数
材料	T700
机床	沈阳机床 VMC0850B 三轴立式加工中心
主轴转速 S	6000r/min
进给量 f	300mm/min
切削深度 a_p	0.5mm
刀具	锥形磨粒刀具
磨粒	人造金刚石
磨粒结合剂	金属基
刀具锥形角 θ	15°
磨粒质量分数	100%
磨粒粒度	215μm（F60/F80）
MQL 切削液	iLC Natural 77
冷却润滑条件	干式切削 MQL，切削液流量为 1mL/h，5mL/h，10mL/h，20mL/h

单次采样最大视场（Field-of-view，FOV）为 0.86mm×0.86mm，图像分辨率为 1024×1024 像素。三维光学表面形貌仪典型测量结果如图 5-36 所示。由于单次采样视场较小，无法全面表征整体加工表面质量。为了对 T700 加工表面实现具有代表性和稳定性的表面质量评价，在相邻加工路径上建立了 3×3 采样点阵列，以实现较大的采样视场，如图 5-37 所示。采样阵列中每列的中心采样点位于铣削路径的中心。考虑到加工路径的不同，采样阵列中的每一列覆盖了第一刀的槽铣路径、第二刀的逆铣路径和第三刀的顺铣路径。为了减小测量误差，每次测量重复三次并取其平均值。

采用 Zeiss Merlin 扫描电子显微镜观测 T700 加工表面的显微形貌，放大倍数为 1200。通过分析加工表面显微形貌有利于评价润滑效果和加工缺陷。

（2）微量润滑加工切削力分析 图 5-38 所示为不同微量润滑条件下（干式切削和不同切削液流量的微量润滑切削）与旋转超声振动技术复合加工（槽铣）T700 时的三向切削力和切削合力。尽管采用旋转超声振动加工技术可有效降低 CFRP 加工时的切削力，与干式 RUM 相比，施加微量润滑技术后 T700 切削合力

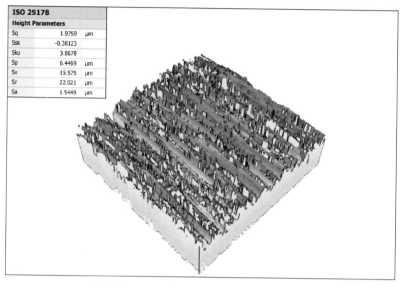

图 5-36　T700 表面三维形貌典型测量结果

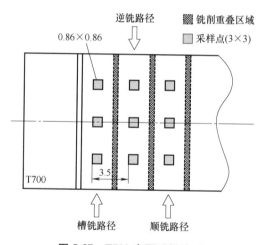

图 5-37　T700 表面采样阵列

进一步显著下降。Zhou 等的研究指出，在超声振动作用下，刀具与切屑的高频分离作用可使切削液有效进入切削区域，提升冷却润滑效果，使切向力显著降低。在 5mL/h（切削液流量为 5mL/h，后文同）MQL 条件下的切削合力最低，与干式切削相比降低了 37.3%。需要注意的是，切削合力并未随着 MQL 切削液流量的增加而不断减小，而是存在最优值（5mL/h）。在干式 RUM+MQL 1～5mL/h 切削液流量下，T700 加工表面干燥清洁，通过目视观察没有液滴残留痕迹。当 MQL 切削液流量增加到 10～20mL/h 后，加工表面可观察到明显的残留油膜，并黏有细小的颗粒状切屑。在 1mL/h MQL 条件下，切削液供给极少，但 MQL 产生的细小润滑雾粒可有效渗透切削界面，使得切削合力降低了 33.1%，尽管该条件下并未达到最佳润滑效果。当切削液流量提高到 10~20mL/h 时，切削液流量的增加使得 T700 复合材料的切屑发生二次黏结，形成更大的块状切屑，使锥形磨粒刀具在一定程度上更容易发生堵塞，刀具切削性能下降。此时过量的切削液供给无法提供有效的润滑效果。而 5mL/h MQL 条件下既可提供充足的润滑条件，又避免了切屑黏结，在试验条件下获得了最低的切削合力。

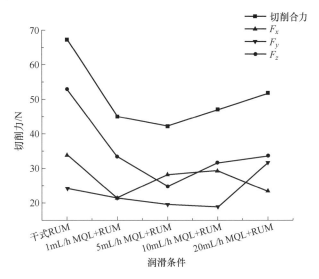

图 5-38　不同润滑条件下的 T700 槽铣切削力结果

通过分析 X、Y、Z 三向切削力可知，不同润滑条件对切削力的影响主要在 Z 向，X 和 Y 向切削力并未随润滑条件的改变呈现出明显的规律性。干式切削的 X 向力最大，而 20mL/h MQL 的 Y 向力最大。X 和 Y 向力变化的不规律性主要由于 CFRP 中纤维方向的变化。即使采用了 MQL 技术，在切削力上也受到这一因素的影响。Karpat 等在单向 CFRP 切削力建模研究中也提到，纤维的切削角度对切削力和表面质量的影响至关重要。Wang 等的研究也表明，不同的纤维方向改变了纤维增强复合材料切屑形成机理和切屑尺寸，这也与切削力波动的程度有关。但 Z 向力不受纤维方向的影响。Z 向力也是超声振动加工中的主要作用力，因此呈现出与切削合力相同的变化规律。

（3）微量润滑加工表面质量分析　图 5-39 所示为不同润滑条件下的 T700 加工表面平均三维表面粗糙度 Sa。干式 RUM 由于完全没有切削液的冷却润滑作用，其 Sa 值最高，表面质量最差。将微量润滑与旋转超声振动技术复合应用后，表面粗糙度明显降低。与切削力结果类似，施加微量润滑作用后，表面粗糙度并没有随切削液流量的增加而降低，而是存在最优值，并且在 5mL/h MQL 条件下获得了最低的 Sa 值（$Sa = 1.768\mu m$），与干式 RUM 条件相比（$Sa = 2.806\mu m$），Sa 降低了 37%。

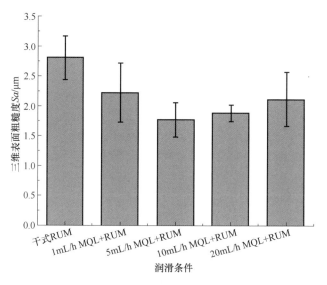

图 5-39　不同润滑条件下的 T700 平均三维表面粗糙度 Sa

为了更全面地体现 T700 加工表面形貌特征，利用 Origin 软件的 Color Fill 功能绘制了不同加工表面采样阵列的 Sa 位置分布图，如图 5-40 所示。根据采样阵列尺寸，形成边长为 7.86mm 的正方形表面分析区域（图 5-40a）。Sa 总体上呈条纹状分布，其值以色阶图表示。在干式 RUM 切削中（图 5-40b），Sa 分布呈多条窄条纹状，说明 Sa 在分析区域内波动较大。Sa 较小值仅在表面中心处占据一小部分区域，表明干式 RUM 条件下加工表面不平整。然而，在所有的 MQL 条件下，Sa 较小值在分析区域内所占比例增大。随着切削液流量从 1mL/h 增加到 5mL/h（图 5-40c、d），Sa 较大值所占的条纹状区域变窄，同时 Sa 较小值分布广泛且均匀（同一颜色所占面积增大），反映出 T700 加工表面的平整度和均一性。当切削液流量继续提高到 10mL/h 和 20mL/h 时，如图 5-40e、f 所示，Sa 呈现出不规则分布，这是由于所切削到的纤维方向不同所致。尽管如此，在较大切削液流量的 MQL+RUM 条件下的 Sa 分布均匀，与干式 RUM 条件相比，三维表面粗糙度显著降低（10mL/h 和 20mL/h 时，分别降低了 33.0% 和 24.7%）。注意到在所有加工条件下，分析区域的左侧相对于其他部分的 Sa 值较大。这主要由于在第一刀的 T700 槽铣加工中，刀具的锥形角复制到槽型边缘所致。

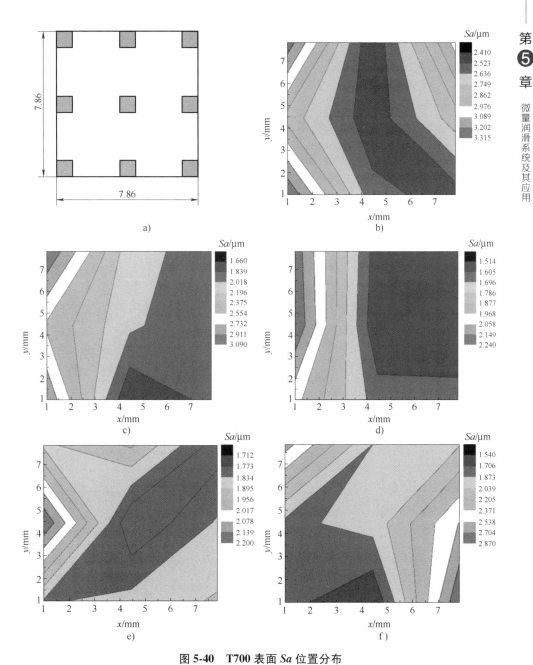

图 5-40　**T700 表面 *Sa* 位置分布**

a）采样阵列　b）干式 RUM　c）1mL/h MQL+RUM　d）5mL/h MQL+RUM
e）10mL/h MQL+RUM　f）20mL/h MQL+RUM

　　T700 在不同润滑条件下加工表面的 SEM 显微形貌如图 5-41 所示，观测倍数为 1200。在干式 RUM 条件下（图 5-41a），发生了纤维和基体界面的脱黏和树脂基体的严重撕裂等缺陷。在 1mL/h 和 5mL/h MQL 条件下（图 5-41b、c），界面脱黏和基体撕裂缺陷在一定程度上得到了改善。然而，当切削液流量增加到 10mL/h 和 20mL/h 时，T700 工件表面几乎没有明显的加工缺陷（图 5-41d、e）。

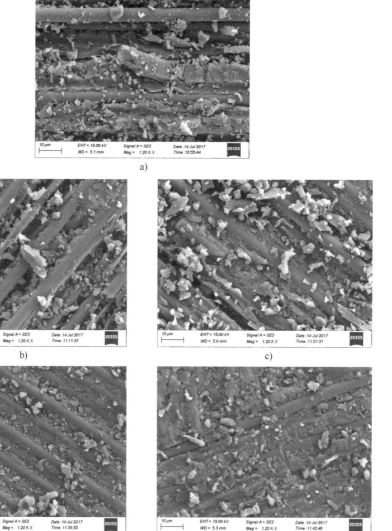

图 5-41　T700 表面 SEM 分析（1200 倍）

a）干式 RUM　b）1mL/h MQL+RUM　c）5mL/h MQL+RUM

d）10mL/h MQL+RUM　e）20mL/h MQL+RUM

MQL 充分的冷却润滑作用可以有效降低 Z 向力，减少了基体撕裂和界面脱黏等缺陷。微量润滑技术在 CFRP T700 加工中的应用表现出良好的润滑性能，并在减少复合材料加工缺陷中表现出较大的潜力。尽管如此，MQL 切削液流量过大时将对材料界面性能产生潜在威胁，不利于切削力的降低和刀具寿命的提高，须根据工艺要求和材料特性确定切削液流量的最优值。

上文列举了微量润滑冷却方式在几种典型复合材料中的应用，但在具体应用中，除考虑该技术对材料切削性能的影响外，还需要结合设计要求考虑对材料本身性能的影响，比如强度、硬度、界面性能等。

5.2.5 微量润滑技术在铣削薄壁件上的应用

薄壁件（铝合金整体壁板、框架壳体、薄壁构件）广泛应用于航空、航天制造业中，具有结构形状复杂、零件外廓尺寸相对截面尺寸较大、加工余量大、相对刚度较低、加工工艺性差等特点。

1. 薄壁件形状误差的影响因素

工件的加工精度是衡量加工过程的重要标准，而薄壁件的表现特性为刚性差，在切削过程中，易发生加工形变和颤振现象。这一方面影响到工件的表面质量及形状误差；另一方面，不稳定的切削力造成刀具磨损加剧。薄壁件加工变形的主要影响因素如下：

（1）材料属性　工件的形状误差源于工件或者刀具轨迹没有按预定路线，产生过切或者欠切的现象。如果工件和刀具的刚性很高，并且装夹稳固，形状误差应该可以达到可忽略的数量级。然而，薄壁件的刚性一般较差，很难达到不产生偏移的程度。同时，材料的不均匀性易导致加工薄壁件时发生变形，因此材料属性是加工薄壁件研究的前提。

（2）装夹力　装夹的目的是将工件进行定位、夹紧，将刀具进行导向或对刀，以保证工件和刀具间的相对位置关系。工件在机床上的装夹精度是影响加工精度的重要因素，尤其对薄壁件异常重要，优化装夹方案对于提高薄壁件的加工精度有重要意义。

Siebenaler 等用有限元的方法研究了夹具系统对工件变形的影响，探讨了有限元模型参数（接触面摩擦系数、网格划分等）对预测结果准确性的影响，并通过试验进行了验证。董辉跃等采用有限元分析方法，对加工过程中的薄壁件装夹方案进行了优选。模拟结果表明，对于薄壁件，其装夹位置、装夹顺序和加载方式都对夹紧变形有重要影响。秦国华等研究了薄壁件的装夹变形机理，提出了一种分析与优选夹紧力大小、作用点以及夹紧顺序的通用方法，并基于由摩擦力引起的接触力的历史依赖性，定量地分析多重夹紧元件及其作用顺序对薄壁件变形的影响，并建立了装夹方案的数学优化模型。

（3）切削力　切削力是切削加工过程中主要的物理现象之一。切削力的变化直接决定着切削热的产生、分布，并影响刀具磨损、使用寿命，在加工薄壁件时，通常认为切削力是引起薄壁件侧壁和腹板加工弹性变形的主要因素，容易造成薄壁件尺寸超差、厚度不均匀等误差。尤其现有加工中工件多为高强度、高硬度材料，金属去除率高，切削力较大，由切削力引起的薄壁件形变不容忽视。

Law 和 Geddam 通过试验证明了切削力是影响工件形状误差的主要因素。

（4）残余应力　残余应力是当没有任何工作载荷作用的情况下，存在于构件内部且在整个构件内保持平衡的应力。加工前，工件内的残余应力处于自平衡状态，随着切削加工过程的进行，切削层中的残余应力被逐渐释放，工件自身的刚度也发生变化，原始的自平衡条件被破坏，工件只有通过变形达到新的平衡状态。这也是残余应力释放引起工件加工变形的基本原理。

为研究薄壁件基于残余应力场的加工变形规律，从而能采取合适的变形控制措施，余伟建立了残余应力场作用下薄壁件变形分析的有限元模型，并讨论了薄壁件在不同残余应力场下的变形规律。

（5）走刀路径　在高速切削加工过程中，走刀路径对刀具寿命、切削效率和加工质量都有重要影响。在加工薄壁件时，走刀路径将直接影响工件产生的形变大小，不合理的走刀会引起力值的突变，除影响工件精度外还会造成刀具的剧烈磨损。

Smith 等研究了高速铣削铝合金薄壁件走刀路径优化问题，试验表明，走刀路径对薄壁件变形存在明显影响。除此之外，还讨论了刀尖形状（有无圆角）、主轴转速等参数对加工效果的影响。为解决航空薄壁件铣削加工中的变形问题，Guo 等采用有限元方法对走刀路径的影响做了仿真分析。其结果表明，走刀路径的选择对侧壁的变形影响较大，选择由外侧向内侧的走刀方式得到的变形量最小。

薄壁件的形变将直接影响其精度，因此需要考虑消除或者降低这一因素。现有的相关技术集中于以下方法：

1）降低毛坯初始残余应力，主要使用的方法有拉伸法、热处理法、振动时效法、热振时效法以及深冷处理或超低温处理等。

2）优化装夹方案，包括减振工装。

3）应用超声加工等制造工艺结合参数优化方法。

4）采用减振刀具。

5）采用新型冷却润滑方式。

6）利用数学模型和仿真方法以及在线监测等技术，对工件产生的误差进行预测或者监测，并通过数控程序相应改变走刀轨迹提前补偿。

2. 应用案例

切削力是影响薄壁件加工误差的主要因素之一，低温微量润滑（MQL-CA）的优势之一是其良好的渗透特性，其效果在于能充分润滑切削区，降低切削力。在加入冷风措施后，切削区的温度将有所降低，从而有效抑制切削热引起的形变。

本试验的目的是研究低温微量润滑技术对薄壁件形状误差的影响，试验系统如图 5-42 所示。薄壁件材料为铝合金 7050，该材料为 Al-Zn-Mg-Zr 系合金，具有较高的结构强度、断裂韧度和抗应力-腐蚀断裂等良好的综合性能，是目前航空制造业广泛采用的一种轻型结构材料。7050 的化学成分及力学性能见表 5-5 及表 5-6；薄壁件尺寸为 100mm×1mm×30mm（长×宽×高）；使用的冷却方式包括浇注式润滑、干式、微量润滑（MQL）、MQL-CA-0（0℃）、MQL-CA-10（-10℃）、MQL-CA-20（-20℃）。刀具为 EM20-160-C20-2T；刀具直径为 20mm；刀片为 YBG205。切削参数包括：铣削速度 282.7m/min，铣削深度 2mm，进给速度 0.11mm/z。

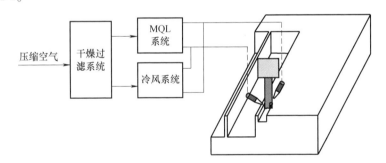

图 5-42　薄壁件切削试验系统

表 5-5　7050 的化学成分

成　　分	Zn	Cu	Mg	Zr	Mn	Si	Fe	Ti	其他	Al
质量分数（%）	6.7	2.5	2.3	0.12	0.10	0.12	0.13	0.06	0.15	余量

表 5-6　常温下 7050 的力学性能

弹性模量/ GPa	剪切模量/ GPa	压缩模量/ GPa	泊松比	热膨胀系数 （20~100℃）/ $(10^{-6}℃^{-1})$	屈服强度 （25℃）/MPa	抗拉强度 （25℃）/MPa
70.3	26.9	73.8	0.33	23.5	455	510

试验所切削的工件材料如图 5-43 所示，由于工件为薄壁件，刚性低，而且铣削力为周期力，所以加工过程中发生形变，薄壁件呈现波纹形。不同润滑方式及冷风温度对工件变形的影响如图 5-44 和图 5-45 所示。由图 5-43 可知，因为薄壁件呈"T"字形，随着工件长度的增加，薄壁件的形状误差逐渐增加。对比不同润滑方式，干式切削形状误差最大，这主要源于干式切削时，切削区域温度高，工件受热塑性增加。采用浇注切削液形式切削时，切削区域温度有所降低，而且润滑效果较为明显，切削力下降，故而降低了形状误差。采用微量润滑时，虽然润滑作用明显，但冷却效果不佳，故切削热较高，形状误差较大。如图 5-45 所示，在微量润滑切削过程中施加冷风有效降低了形状误差，且冷风温度对变形也有一定程度的影响。在试验切削参数下，冷风温度降低可以有效减小形状误差。

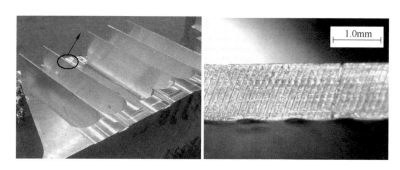

图 5-43　已加工薄壁件

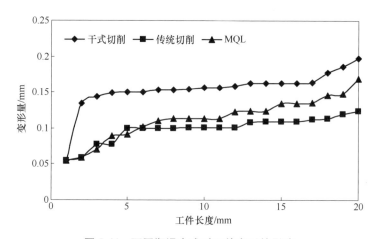

图 5-44　不同润滑方式对工件变形的影响

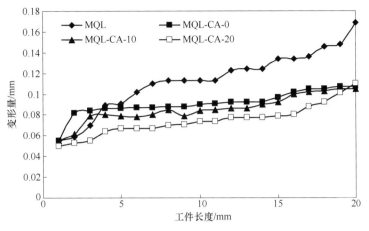

图 5-45　冷风温度对工件变形的影响

图 5-46 所示为不同冷却方式下所得的切屑形貌。本试验中不同冷却方式对刀具-切屑间摩擦系数及切屑的刚度存在一定程度的影响，故而切屑形貌有所区别。干式切削过程中，切屑由切削区域到分离进入大气中温差不大，故而形变量较小，多为 C 形切屑。传统浇注切削液切削时，切屑受冷弯曲曲率较大。低温微量润滑切削时，切削力较小，而且受热的切屑进入冷空气中受急冷作用，曲率较大。

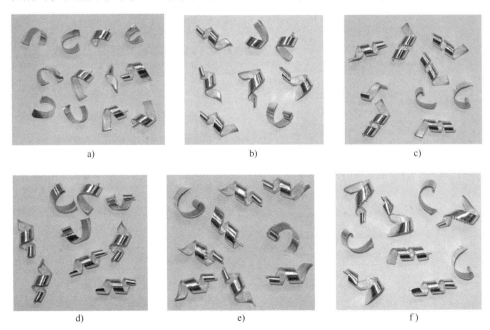

图 5-46　不同冷却方式对切屑变形的影响

a）干式切削　b）传统切削　c）MQL　d）MQL-CA-0　e）MQL-CA-10　f）MQL-CA-20

以上研究表明，低温微量润滑技术有效降低了工件的形状误差，同时低温微量润滑切削可以改善切屑形状，且冷风温度对形状误差存在一定程度的影响。

5.3 微量润滑技术在钻削加工中的应用

5.3.1 微量润滑钻削加工技术

钻削是使用一个或多个切削刃形成的螺旋形对称刀具在工件上加工孔的过程。它是一种最常见的加工方法，在机械加工中大约占有三分之一的比例。除了钻新孔之外，它还可用于优化通孔、不通孔和精加工孔的表面质量和位置、形状或尺寸公差。在钻削加工过程中，刀具所有切削刃都与工件相接触。通常刀具会进行旋转切削运动和直线进给运动。其中，旋转切削速度随刀具直径的减小而降低，在刀具中心位置，切削速度为零。由于加工工作区域在工件内部，通常排屑都很困难，由此造成刀具-工件接触区热量无法较好地释放，刀尖上热应力很大，会加快刀具磨损速度。刀面和孔内表面接触也会增加刀具的磨损且降低孔内表面质量。

在钻削加工过程中，工作区域在工件内部，切削刃无法与空气接触，排屑和散热都会出现问题，所以会产生刀具过热现象，与车削和铣削相比，钻削很少有干式或者微量润滑加工的实例。如果切屑在刀具和孔中间卡住，加工孔内表面质量会因切屑划伤而降低，刀具更高的热负荷会导致更严重的刀具磨损，其中刀尖和前后刀面磨损最为严重，甚至会出现刀具被损坏的极端情况。在传统钻削过程中，通常使用切削液或润滑油进行切屑的排出和散热。决定微量润滑技术在钻削加工中能否使用的最重要的几个技术指标是钻削深度的大小、工件材料的种类和刀具的几何形态。

钻削和其他金属加工工艺的一个重要区别是润滑剂起到的作用。例如在车削和铣削过程中，加工区是裸露的，并且在不特别处理的情况下，切屑能够自然排出，润滑剂最主要的两个功能是冷却和润滑。而在钻削过程中，由于其加工区域在工件内部，润滑剂必须具有辅助排屑的功能。而外部微量润滑恰恰会阻碍排屑。因此出现了内冷刀具这种先进的加工技术。研究指出，在钻削长径比大于1.5的孔时，外部润滑剂就无法有效到达切削区。基于此结论，提出了内部微量润滑的供液方式。此外，有研究表明，传统浇注式润滑不利于钻削加工，尤其是深孔钻削。

当减少润滑剂用量时，摩擦条件会发生显著的变化。润滑剂用量少时磨粒磨损减少，这是因为磨料颗粒被更深地压进被加工过程高温软化的工件材料内部。然而由于扩散作用的影响，温度越高，黏结越严重。为了减少黏结磨损，可对刀具涂层或使用可替换材料。为了降低温度，倾向于采用改变刀具几何形状或者降低切削参数的方法，如图 5-47 所示。

对干式钻削，由于刀具和工件的直接接触，黏结情况会加剧，温度也随之上升。尽管由于温度上升工件材料强度会降低，但刀具磨损会由于扩散过程而增加。总的来说，干式切削中出现的问题包括：刀具温度高；刀具材料和工件材料之间大面积地接触；材料表面质量差；降低钻孔质量；排屑条件差；形成积屑瘤；刀具磨损增加。

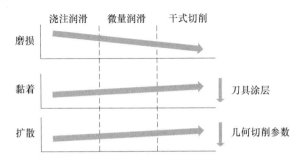

图 5-47　冷却条件对于刀具磨损机理的影响

微量润滑条件下的钻削加工，在工件、刀具和孔之间的黏着力会因为分子分离层而减小。这会产生如下现象：刀具温度降低；接触区域减小；表面质量提高；排屑条件良好，这是因为切屑和孔之间的表面接触是不连续的；刀具磨损减小；误差减小。

钻削中的微量润滑加工过程如图 5-48 所示。对微量润滑或干式切削的大量研究指出，关于这些技术应用的通用方法的定义是很困难的，对每一个过程都必须独立考虑。

可以得出微量润滑加工过程刀具设计中的一些基础结论。微量润滑钻削过程中会产生高温，所以需要耐热的刀具材料。在微量润滑或者干式钻削条件下耐磨涂层对于保护刀具、防止黏结磨损和磨粒磨损是十分必要的。因此，耐高温切削材料和硬质涂层得到广泛研究和发展。涂层材料主要有 TiN、Al_2O_3 和 TiAlN 以及另一种重要的耐磨涂层 MoS_2，这种材料依靠在加工过程中释放的微粒来起到润滑的作用。

改进刀具几何形状，使得刀具在钻削中挤压和摩擦的情况能得到减缓。当

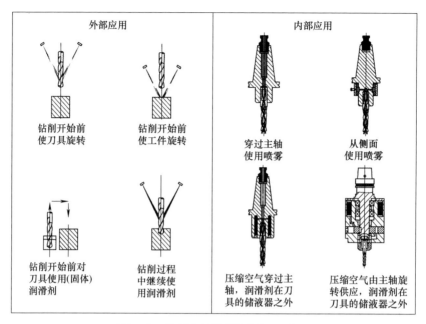

外部应用

钻削开始前
使刀具旋转

钻削开始前
使工件旋转

钻削开始前对
刀具使用(固体)
润滑剂

钻削过程
中继续使
用润滑剂

内部应用

穿过主轴
使用喷雾

从侧面
使用喷雾

压缩空气穿过主
轴,润滑剂在刀
具的储液器之外

压缩空气由主轴旋
转供应,润滑剂在
刀具的储液器之外

图 5-48　钻削中的微量润滑加工过程

加大横刃斜角时，横刃缩短，横刃区域的挤压情况会明显地减少。通过增加刀具排屑槽的数量，能够实现快速低摩擦排屑。形成致密的卷曲切屑也可达到快速排屑的效果。使用以上提到的改变了几何外形的钻头进行钻削加工的过程中，切削力和机床的输出转矩明显降低。

更改冷却管道进出液方式可以改善润滑剂的供给效果。入口在钻头底部，出口设置在后刀面，并在排屑通道设置出口以提供更好的润滑剂供应。良好的润滑可以最大限度地降低工件材料黏附，尤其是在铝合金钻削时。刀具和孔内表面的摩擦可通过较大的刀具锥度及在副切削刃上使用较窄的倒角宽度来降低。

但是改变刀具特性也可能产生一些问题。例如一个外加的冷却通道出口有可能造成出口处工件材料沉积，并造成刀具折断。

5.3.2　钻削加工微量润滑装置

在微量润滑情况下使用小直径钻头（$d \leqslant 2.5\mathrm{mm}$）进行深孔钻的过程设计中采用了刀具结构、加工过程设计以及多种加工工具相结合的方法。在此领域内展开研究的意义在于：可以充分发挥干式切削和微量润滑在经济和生态方面的优势，另外，运用小直径钻头的深孔钻在工件的生产过程中也是很重要的，如汽车工业中燃料喷射部件的加工和医疗行业中使用深孔钻制造骨螺纹。

为了验证此设计是否可用，用1235N的拉应力来加工调质钢并以此作为参照过程。用直径为2.04mm的钻头在传统深孔钻床上进行加工，钻削长径比 $l/D = 67.5$。此外，用一个直径 $d = 2.5$mm，长径比为28.6的刀具对类似材料进行加工研究。使用外切削刃主偏角 $\kappa_1 = 50°$，内切削刃主偏角 $\kappa_2 = 120°$，G导向模式的未涂层刀具作为参考刀具。刀具的抛光与否由加工材料和刀具直径决定。选用的工艺条件和通常情况下汽车工业里加工喷射器和泵体所用的深孔钻削过程类似。

研究中使用了为实现小直径单刃深孔钻削加工所设计的 TBT Tiefbohrtechnik GmbH & Co 钻床。这种机床的主轴具有足够的旋转速度，且供应切削液的液压泵压力高达25MPa。

在研究开始时设置参照试验，其使用通过 $p_{KSS} = 15$MPa 的压力将深孔钻削润滑剂带入工作区域的传统润滑方式。参照试验切削参数见表5-7。

表5-7　参照试验切削参数

刀具直径 d/mm	2.04	切削速度 v_c/(m/min)	51
钻削深度 L/mm	135	进给速度 f/(mm/r)	0.01~0.019

对于刀具直径为 $d = 2.04$mm、钻孔深度为 $L = 135$mm 的深孔钻孔，可实现切削速度 $v_c = 51$m/min 和进给速度 $f = 0.01 \sim 0.019$mm/r。对刀具直径 $d = 2.5$mm，最大钻孔深度 $L = 71.5$mm 的情况，使用切削速度 $v_c = 55$m/min，进给速度 $f = 0.01$mm/r，钻深度 $l_t = 28.73$mm 的孔，加工完成后没有检测到明显的刀具磨损。参照试验所得刀具磨损情况将与后面进行的 MQL 情况下刀具的磨损情况进行比较。

为了实现 MQL 在深孔钻削中的应用，考虑到深孔钻削对大量的切削液供应及排屑的需求，与参照过程相比研制出 MQL 装置。首先应用一个单通道系统（MQL-1），最大喷雾压力 $p_{MQL} = 1$MPa 的 MQL 装置。此外，应用一个多通道系统（MQL-2），喷雾压力 $p_{MQL} = 1.5$MPa 的 MQL 装置。MQL 装置的优化包括两方面：一是油雾喷嘴的最优化；二是安装了一个避免工艺扰动期间喷雾回流到进料管的背压阀装置。两种 MQL 装置如图5-49所示。

MQL 切削试验中发现存在缺陷和工艺扰动。在试验刚开始的时候，工艺扰动以周期性的力的峰值形式出现（图5-50）。这是由于排屑不足导致切屑嵌入孔中所引起的。

由图5-50可明显看到，使用 MQL 装置 MQL-1 和 MQL-2 时会出现力的峰值，特别是使用 MQL-1 时峰值很明显。这些工艺扰动可由图5-51来解释。

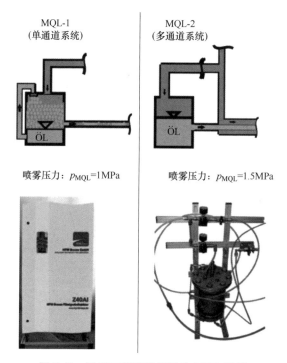

图 5-49　用于工艺流程设计的 MQL 装置

刀具：	SLD, d=2.04 mm	材料：	42CrMo4+QT
切削速度：	v_c= 55m/min	钻削深度：	l_f= 135mm
进给速度：	变化的	钻削长度：	变化的
润滑剂：	变化的	MQL装置：	变化的

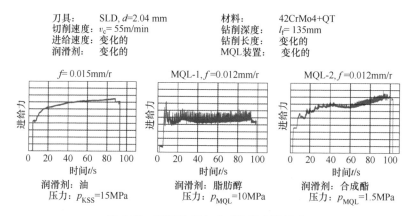

图 5-50　不同冷却方式对进给力的影响

在 MQL 条件下加工时，喷雾在刀具的冷却通道出口处扩散。扩散过程释放出的能量不足以移除钻孔内的切屑。钻孔表面和前刀面的摩擦使切屑减速，导致切屑被卡住，从而产生阻力，引起上述力和转矩的峰值。如果工作区域产生的压力足以清除卡住的切屑，则切屑可被移除。然而切屑的卡顿可能会重新出现，尤其是在大长径比情况下。

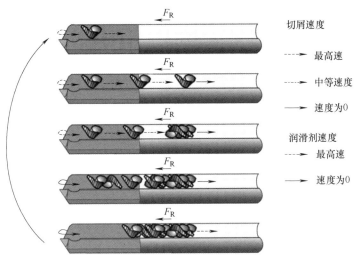

图 5-51　钻削的切削速度

为避免工艺扰动可采用以下几种方法：

1）如果由于切屑嵌入孔中导致背压增大，则会发生刀柄泄漏。因此对钻头上的锥形头和刀柄上的密封面做出如图 5-52 所示的改进。

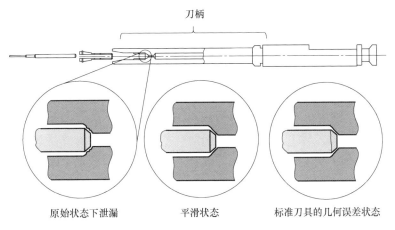

图 5-52　刀架上可能的缺陷

2）可以在使用微量润滑时采用不同的刀架，比如收缩应变技术刀架。产生工艺扰动的另一个原因是最大喷雾压力。工艺扰动的频率随着喷雾压力的上升而下降，但是它们无法完全消除。如果由于切屑卡住造成孔内压力上升，微量润滑系统必须抑制这种压力。在这种情况下，刀具上的喷雾量供应就无法保证，于是就会发生强烈的刀具磨损使刀具损坏。

3）通过在润滑剂供应系统和压缩空气供应系统中分别安装背压阀，可解决工艺扰动问题。

对 MQL-2 系统进行了上述的改进之后，在接下来的加工试验中没有出现工艺扰动问题。

5.3.3 微量润滑技术在不同材料钻削中的应用

1. 铸铁

通常，铸铁宜采用合适的硬质材料涂层刀具用干式切削法加工。石墨包裹体在切削工作区创造了良好的断屑和润滑条件，在这种情况下，可实现高速钻削和较大的钻削长度。短切屑能够在不使用润滑剂的情况下从切削区顺利排出。

使用涂层刀具进行干式切削时即使是球墨铸铁也具有很好的可加工性。但是由于高温和材料强度过高，在加工过程中切削速度必须要降低。一般来说，刀具形状会对大切削深度时切屑卡在孔内的概率造成影响。涂层刀具的应用日益增多，在钻削 GGK P30 时，TiAlN 涂层钻头的切削长度是无涂层钻头的 5 倍。

2. 钢

研究人员在对 CK45 钢进行短孔钻削时，评估了应用微量润滑加工、干式切削和传统浇注式切削时刀具磨损和其他参数的特性。焊接有硬质合金刀片的涂层刀具在用于微量润滑加工或干式切削加工时有明显的弱点，加工过程开始不久就发生了明显的刀具磨损和崩刃的情况。刀具失效的原因是热应力产生的高温高于刀具焊接材料的熔点。但是，纯硬质合金刀具能够适用于所有的冷却方式。最显著的刀具磨损是在干式切削条件下观察到的。后刀面磨损区的宽度与采用润滑方式时相差无几。在干式钻削时，崩刃情况比传统浇注式加工和微量润滑加工都出现得更频繁。刀尖在持续存在高应力的情况下，又会受到卡在孔内表面和副切削刃之间的切屑带来的额外的应力作用。

对比传统浇注式钻削、微量润滑钻削及干式钻削三种加工方法，在直径偏差 ΔD 和平均表面粗糙度 Ra 这两项指标上，使用润滑剂时效果最好。在干式钻削工况下，表面粗糙度值增大，平均增加 $10\sim15\mu m$。在干式及微量润滑钻削条件下，工件孔直径公差在 H7~H8 之间，浇注切削液钻削得到的直径公差为 H7。干式钻削导致孔直径在开口和孔底位置有 $50\sim60\mu m$ 的显著偏差，这是因为刀具直径随着钻削深度的增加而增大并伴随有热胀现象。

微量润滑钻削加工过程温度是通过红外热成像来进行测量的。这是因为在使用润滑剂时，由于润滑剂覆盖住了切削刃，使温度无法测量。试验结果与使用 TiN 涂层的不同硬质合金刀具的切削刃温度相似。与此相反，TiAlN 涂层刀具在加工过程中有更好的隔绝热量的能力，加工过程温度下降明显。这是由于 TiAlN 涂层具有较小的表面粗糙度值，所以摩擦热对刀具性能的影响较小。总的来说，由于在微量润滑加工过程中刀具和工件之间的摩擦热比干式切削小，所以加工过程温度比干式切削降低 25%。这个结果对于铝材铰孔也有一定的意义。

在钻中心孔时可以根据长径比和孔直径来选择不同的钻头类型，对称式硬质合金钻头用于钻直径 16mm 以下的孔，焊接式对称钻头常用于对直径为 16～25mm 的孔的加工，特殊情况下甚至可用于直径在 30mm 以上的孔的加工。典型的长径比可以达到 $l/D = 7$。不对称可转位刀具用于直径为 20～84mm 的孔的加工。在过度磨损时，刀体不用更换，只需把刀片替换即可。

转位钻头不同于对称钻头，由于切削刃上断屑槽的应用，对切屑形成产生了有益的影响，即使对长切屑材料也是如此。此外由于不对称的设置，每个刀片产生的切屑体积是互不影响的。相比于传统钻削，可转位钻头类似于单刃钻头。当刀体上有两个刀片时，切削宽度就分配给中心和外围刀片。

在使用可转位钻头钻削时，虽然进给速度降低，但金属去除率反而得到提高。与此同时，孔的表面质量也得到提高。这两种效果都与可转位钻头应用后达到的较高钻削速度有关。刀柄去除使得与钻孔表面无接触，因此也有利于提高表面质量。加工工件时需要的力由切削、剪切和摩擦部分组成，它们也能够被分解成切削力 F_c、进给力 F_f 和背向力 F_p。在使用不对称刀具加工时，由于背向力 F_p 的作用，使钻头偏离了钻孔的中心，从而导致误差产生。

刀具排屑槽的扭转从刀尖到转轴的扭转角在 65°～85° 之间。通过构建圆形排屑槽，钻头抗弯刚度能够得到提高。长切屑材料的排屑也能得到改善。

（1）CK45 钢的钻削加工　在浇注式切削、微量润滑、压缩空气和干式切削条件下，使用直径 $d = 25mm$ 的可转位钻头钻削 CK45 钢，最大钻削长度取决于冷却方式。试验观察到低进给速度和低切削速度可增大钻削深度，因为随着高进给速度而增加的未变形切屑厚度以及由于高速产生的高温都能避免。无法采用干式切削，因为在加工几个孔后，刀具就产生了崩刃现象而失效。在长径比大于 3 时，只能使用浇注式切削或者压缩空气支持下的微量润滑加工。其他情况下，切屑无法从钻孔中排出。此外，压缩空气辅助干式切削也无法有效实现加工，因为此时刀具承受了过高的热应力。关于钻孔质量，无论何种加工方法下结果都是类似的。微量润滑的应用减小了转矩和进给力。浇注式切削的方法减小了直径误差。从圆度误差和表面粗糙度来看，微量润滑是一种良好的方法。钻孔表面附近材料的硬化是加工过程中塑性变形带来的影响，和冷却方式无关。

（2）不锈钢 X6CrNiMoTi17-12-2 的钻削加工　本实例研究不同冷却方式对钻削不锈钢 X6CrNiMoTi17-12-2 的影响。该材料经过固溶退火和回火处理，与CK45 钢相比，机械加工性更差。

在使用润滑剂时可达到工艺要求的钻削深度，其他冷却方式平均至少有50%的失效。微量润滑是这几种方式中表现最好的。研究人员研究了采用微量润滑方式和附加压缩空气干式切削的方式得到的切屑，发现它们与使用浇注式润滑剂润滑时得到的切屑颜色有所差别，这种差别来源于在钻削过程中产生的更高的切削温度。由此产生了以积屑瘤形式出现的较高程度的磨损，并因此降低了刀具寿命。

在长径比超过 3 的钻削加工中，只有浇注式切削方法是可行的。此种方式下可达到的钻孔深度与长径比为 1 的钻削加工不相上下。

不同冷却方式对 X6CrNiMoTi-17-12-2 钢材表面粗糙度的影响大于 CK45 钢。压缩空气和浇注式润滑剂的使用产生了相似的表面粗糙度结果，而微量润滑产生了较大的表面粗糙度值和较差的表面质量。对于压缩空气辅助干式钻削，加工区的高温导致工件材料软化，并由此减小了刀具的进给力。对比微量润滑方式，压缩空气辅助干式钻削刀尖区域上刀具磨损较小。在使用浇注式润滑剂时，刀尖区域上的磨损也被有效降低。

在任何冷却方式下都没有发现钻孔亚表层材料的热影响，这是因为即使在高温条件下，加工过程中也没有发生奥氏体组织转变。

由于钻孔底部的接触压力很高，材料出现了变形，但是它们对于机械加工过程没有不利影响，因为这些材料在出现形变后马上就被切削掉了。加工过程中只有加工硬化现象可能会导致切削力的增大和刀具磨损的加剧。

刀尖上的机械载荷不会导致变形线出现，所以无论高的单应变或者复杂的热载荷或机械载荷都对表面区域无影响。

试验表明，微量润滑切削、干式切削、压缩空气辅助干式切削都无法与浇注式切削的方法相比。即使加工结果满足了质量要求，也达不到刀具寿命的要求。部分刀具在钻削一次后就发生了损坏。刀具失效的主要原因是积屑瘤的形成。

对于微量润滑加工和压缩空气辅助干式切削，积屑瘤极其紧密地黏着在刀具上，只有刀具材料剥离时积屑瘤才会随之脱落。产生这种紧密积屑瘤的原因是热黏附作用。当使用浇注式切削时，积屑瘤的形成被抑制，并且它们能在不破坏刀具材料的情况下与刀具分离。使用浇注式润滑剂可使加工过程稳定，所以在钻削中波动程度与其他冷却方式相比都较低。

▶▶ 3. 铝和镁

铝合金是当今最重要的金属材料之一。但由于镁比铝的密度更小，镁合金的使用越来越广泛。铝和镁具有熔点低和热膨胀性高的特点，因而属于难加工材料。在加工过程中，熔点低会影响切屑的形成，热膨胀性高可能导致部件的变形。

（1）微量润滑铝合金钻削　较干式加工，微量润滑铝合金钻削在表面完整性和切屑形态方面效果更好。钻削 GD-AlSi9Cu3 时，使用直径 $d = 8.5mm$ 的钻头，钻削速度 $v_c = 270m/min$、进给速度 $f = 0.2mm/r$ 时加工效果最好；使用直径 $d = 10mm$ 的未涂层刀具，切削速度 $v_c = 120m/min$、进给速度 $f = 0.25mm/r$ 时加工效果最好。较乳化液冷却切削，采用外部微量润滑方式钻削加工表面质量更好，刀具寿命更长。

当钻削的长径比小于 3 时，可用具有标准几何形状的整体硬质合金钻头加工。钻削深度增加，使用具有 40° 螺旋角和刀尖腹板厚度较小的钻头有助于排屑。

使用直径 $d = 8.5mm$、涂层为（Ti，Al）N + MoS_2 的整体硬质合金钻头钻削 GD-AlSi9Cu3，钻削深度为 30mm、钻削速度 $v_c = 300m/min$、进给速度 $f = 0.5mm/r$，加工 300 个孔之后，没有观察到刀具磨损或积屑瘤现象，加工孔的表面粗糙度和直径误差较小。

当使用外部微量润滑方式，在低的切削速度下在 AlSi9Cu3 上加工 M6 或 M8 的螺孔时，直径在误差范围内，表面粗糙度值也较小。可以得出，进给速度是影响误差的关键因素。理由如下：

1）尽管较高的进给速度提高了效能，却缩短了切削刃和工件的接触长度。钻头在切入工件前，切削刃上覆盖了润滑剂，高的进给速度能减小接触路径，提高润滑剂的黏附性。相反，进给速度降低增加了接触长度，也使得更多的润滑剂损失，当钻削直径增大时，会在切削刃边缘产生积屑瘤。

2）较高的进给速度更易断屑，这是由于切屑外表层高的自然应力产生卷曲的、短的切屑，降低了切屑和钻削孔表面的摩擦力。

3）修磨横刃钻头方面的研究表明，提高进给速度能提高钻头的导向性。很明显，修磨横刃提高了钻头的对刀准确性，因此即使减小钻头直径，进给速度也可以较低。

高进给速度的影响使钻头钻入工件时的对刀准确性降低。由于铝是比较软的材料，钻头钻入工件较容易。随着钻削深度的增加，钻孔外部钻头的直径变大，钻头的稳定性有明显的提高。

修磨横刃区域内主切削刃处的负前角会产生剧烈的压力和摩擦力，这种现象在切削速度较低时更加明显。结果会导致钻削过程中力和力矩的上升。此外，剧烈的压力和摩擦力还会导致切屑黏附在切削刃上，并容易产生积屑瘤。

（2）应用实例：微量润滑深孔钻削直线度误差的形成　深孔钻削技术用于加工长径比大的孔。钻削过程排屑不便，特别是在干式和准干式切削条件下。如今，能源成本提高是降低生产过程中能量消耗的主要驱动力。在汽车工业中，随着汽车体积减小的趋势，需要加工很多深孔，特别是在曲轴箱和气缸盖上，以确保现代发动机先进的热管理以及轴承面上有充足的油供应。因此深孔钻削加工就成了干式和准干式加工应用的瓶颈问题。为在高速加工铝时得到较高的加工性能，常把聚晶金刚石（PCD）用作刀具材料。PCD，特别是碳纤维增强聚合物（CFRP）在钻孔加工中应用日渐广泛，但并不适用于深孔加工。目前的研究成果主要集中在使用单刃钻头和麻花钻微量润滑钻削铸造铝合金方面。研究过程比较了加工过程产生的热载荷和由此产生的直线度误差，这是深孔钻削加工的一个限制因素，特别是对薄壁件而言。Bleicher 和 Heisel 等研究了不同的方法以减少、干预和控制直线度误差。此外，Enderle 采用控制切削液压力的脉动，以直接控制钻头的偏移，减小直线度误差。Kessler 在 BTA 深孔钻削过程中通过测量传入和传出不对称工件的热量，分析了热量对直线度误差的影响，并得到了很好的补偿结果。

试验在四轴卧式加工中心 GROB BZ40CS 上进行，使用三通道非标准 MQL 供应装置，最大工作压力 $p_{MQL,max} \approx 1.5MPa$。刀具为麻花钻时，根据 DIN 2533 标准工况（温度 $T=288.15K$，压力 $p=101.325kPa$，相对湿度 $\varphi=0$）下压缩气体的流量 $Q \approx 10m^3/h$。为保证不同刀具的可比性，在单刃钻削过程中仍保持压缩气体的流量 $Q \approx 10m^3/h$，气体工作压力减小至 $p_{MQL,SLD} \approx 0.8MPa$。为确保喷雾雾化点和钻头之间的距离最短，MQL 混合喷嘴直接安装在机床主轴的末端。工件表面的温度场是通过高速红外设备 IR 8300（图 5-53）拍摄的 640×512 像素的照片确定的。工作距离约为 500mm 及应用光学器件时，照片的相应清晰度为 75μm/像素。热成像相机位于机床外，能够在钻削深度 150~200mm 范围内测量工件表面的温度，采样频率为 80Hz。工件表面进行深黑色哑光漆喷涂，使其有高的反射系数 ε，$\varepsilon \approx 0.98$。此外，在工件和温度测量装置中间安装有保护套，以避免不必要的外部辐射和反射。工件宽度为 25mm，高度为 25mm，长度为 280mm，用夹紧支架固定在压电三相测力仪 Kistler 9255B 上。

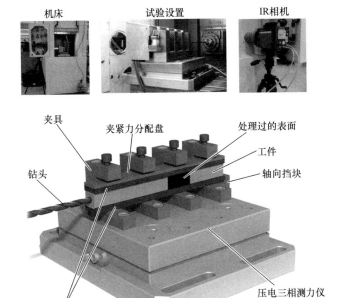

机床　　　　　　　试验设置　　　　　　IR相机

夹具　　　　　夹紧力分配盘　　　　　处理过的表面

钻头　　　　　　　　　　　　　　　　　工件

　　　　　　　　　　　　　　　　　　　轴向挡块

　　　　　　　　　　　　　　　　　　　压电三相测力仪

绝热层

图 5-53　试验设置

试验研究过程中使用的工件材料是压铸铝合金 AlSi9Cu3（EN AC-46000）。这种材料应用广泛，特别是在汽车行业，常用来制造发动机部件、变速器外壳底盘部件和轮毂等。试验中从 $s_w = 7.5\text{mm}$ 到 $s_w = 1.5\text{mm}$ 选择了三种不同的壁厚（图 5-54），用于还原真实的工业应用条件，研究两种不同钻头的钻削能力。另外，试验还研究了壁厚为 1mm 的情况，以便研究极薄钻削条件的可行性并确定每个刀具的加工范围。

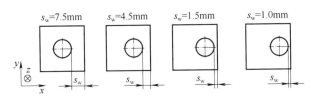

$s_w = 7.5\text{mm}$　　$s_w = 4.5\text{mm}$　　$s_w = 1.5\text{mm}$　　$s_w = 1.0\text{mm}$

图 5-54　壁厚设置情况

研究过程使用的钻头直径 $d = 10\text{mm}$，钻削深度 $l = 280\text{mm}$，并保持不变。整体硬质合金麻花钻的顶角 $\sigma = 135°$，总长 $l_t = 360\text{mm}$，它还有抛光螺旋槽，在切削刃的后面还有四个轴向长度 $l = 50\text{mm}$ 的导向孔。此外还研究了两种不同类型的单刃钻头，一个是整体硬质合金的，另一个是钢制钻杆的。

使用的钻头规格见表 5-8。为了分析不同刀具的适应性与所产生的误差之间的关系，在垂直于钻头轴线的 xy 平面上对钻头施加恒定的径向载荷 $F_r = 10N$，以测量钻头的偏差。根据以上测定可以计算出 x 和 y 方向上的弹性偏移量。由于麻花钻的螺旋角 $\gamma_f = 30°$，所以它在 x 和 y 方向上产生相同的弹性偏移量，$\delta_x = \delta_y \approx 217.5\mu m/N$。相比之下，单刃钻的弹性偏移具有方向性，钢制钻杆单刃钻的为 $\delta_x/\delta_y \approx 0.55$，整体硬质合金单刃钻的 $\delta_x/\delta_y \approx 0.6$。通过比较可知，钢制钻杆单刃钻在 x 方向上具有与麻花钻相同的弹性偏移量，在 y 方向上的弹性偏移量高于麻花钻。在所有钻头中，整体硬质合金单刃钻的刚度最高，这与其良好的材料分布有关，并使刀具横截面具有更高的惯性矩。

表 5-8　使用的钻头规格

钻头类型			
	麻花钻	单刃钻	单刃钻
直径 d/mm	10	10	10
总长度 l_t/mm	360	370	390
切削刃长度 l_{flute}/mm	318	318	340
螺旋角 γ_f/(°)	30	0	0
安装角 σ/(°)	135	20/30	20/30
切削材料	HF-K30	HF-K30	HF-K30
主轴材料	HF-K30	钢	HF-K30
弹性偏移量 δ_x/(μm/N)	217.5	215.0	77.5
弹性偏移量 δ_y/(μm/N)	217.5	397.5	129.0

为与 MQL 方式比较，传统浇注式冷却试验中乳化液的压力 $p = 5MPa$。图 5-55 所示为壁厚 $s_w = 1.5mm$，进给速度 f 在 $0.1 \sim 0.3mm/r$ 范围内变化时的温度分布。由于两种刀柄材料边缘温度的差异，仅得到了标准钢制钻杆单刃钻的试验结果。之前的研究结果表明，进给速度对传入工件的切削热有显著影响，故试验中切削速度 $v_c = 135m/min$ 保持不变。工件表面的温度场结果表明了与传统冷却方式相比，MQL 的冷却性能不足。使用单刃钻并不考虑进给速度时，MQL 钻削过程中温度明显提高，可超过 100℃。麻花钻加工过程中局部最高温度约为 80℃。

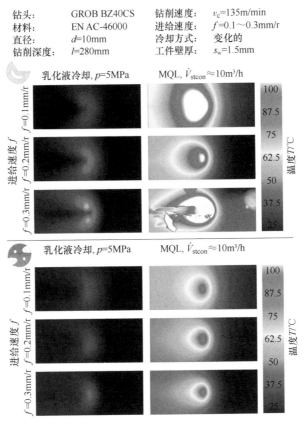

钻头：   GROB BZ40CS   钻削速度： v_c=135m/min
材料：   EN AC-46000   进给速度： f=0.1～0.3mm/r
直径： d=10mm   冷却方式：   变化的
钻削深度： l=280mm   工件壁厚： s_w=1.5mm

乳化液冷却, p=5MPa   MQL, $\dot{V}_{stcon}$≈10m³/h

进给速度 f f=0.1mm/r f=0.2mm/r f=0.3mm/r

温度T/℃

乳化液冷却, p=5MPa   MQL, $\dot{V}_{stcon}$≈10m³/h

进给速度 f f=0.1mm/r f=0.2mm/r f=0.3mm/r

温度T/℃

图 5-55 单刃钻和麻花钻深孔钻削过程中的温度分布

单刃钻头钻削结果表明，进给速度从 f=0.1mm/r 增加至 f=0.2mm/r，切削热有显著的降低，但继续增加至 f=0.3mm/r 时，钻头产生偏心，从工件侧面钻出，造成了侧向缺口。这种现象可解释为径向力作用在钻孔表面，超过了薄壁孔现有的刚度限制，使钻头过度偏移并因此导致钻头从侧面退出。与预期相符，壁厚是一个重要的因素，钻削过程中壁厚增加，孔壁的热容量也相应增加，如图 5-56 所示。因此，在钻削过程中，产生相同热量时，工件厚度越大，温度越低。这种现象在两种钻削方法中都能观察到，但是单刃钻头钻削过程中壁厚 s_w=7.5mm 和 s_w=1.5mm 的温差更大。一般而言，麻花钻深孔钻削过程中进给速度的影响更加明显。单刃钻头钻削和麻花钻钻削过程中，每转进给量相同，因而进给速度也相同。但由于切削刃数目的不同，单刃钻削过程中产生的切屑厚度是麻花钻钻削过程的两倍。较高的进给速度通常会使较少的热量传入工件，更多的热量会被切屑带走。但是，在单刃钻头钻削过程中，由于钻头的导向块和

孔壁间的摩擦较大，进给速度只是影响温度的次要因素。由于有径向分力作用
在钻孔表面，进给速度越大，因摩擦而产生的能耗越大。单刃钻头钻削过程中，
进给速度较大时，导向块的摩擦力平衡了来自主切削区域较低的热量输入。

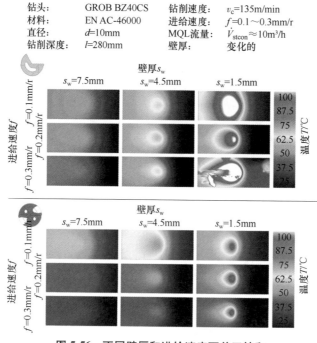

钻头：	GROB BZ40CS	钻削速度：	v_c=135m/min
材料：	EN AC-46000	进给速度：	f=0.1～0.3mm/r
直径：	d=10mm	MQL流量：	$\dot{V}_{stcon}\approx$10m³/h
钻削深度：	l=280mm	壁厚：	变化的

图 5-56　不同壁厚和进给速度下单刃钻和
麻花钻 MQL 深孔钻削过程中的温度分布

　　为了研究和证明单刃钻钻削和麻花钻钻削本质上的不同影响，另外分析了
深孔钻削壁厚 s_w=1.0mm 的极薄工件的过程及结果。图 5-57 总结了在乳化液冷
却和 MQL 两种方式下三种不同钻头钻削壁厚分别为 s_w=7.5mm（中心钻削）和
s_w=1.0mm 的工件的直线度误差。单刃钻头钻削试验现象表明，由于导向块的支
承作用，深孔钻削过程中，进给速度对直线度误差的产生有主要影响，特别是
薄壁孔的钻削过程。因此，带有钢制钻杆的钻头仅在进给速度为 0.1mm/r 时，
加工过程平稳，没有产生缺口。当进给速度增至 0.2mm/r 时，直线度误差大于
1.0mm 并在钻削孔的末端产生侧向缺口。整体硬质合金单刃钻头较钢制钻杆的
钻头具有更高的刚性，因而产生的偏差也较小。尽管如此，整体硬质合金单刃
钻头钻削过程中，当进给速度 f=0.3mm/r 时，产生的直线度误差 m_x>1mm，并
将产生相应的侧向缺口。这个缺口与使用钢制钻杆的钻头钻削在进给速度 f=
0.2mm/r 时产生的缺口几乎相同。然而，在这几种进给速度和壁厚下，麻花钻

钻削过程产生的直线度误差不明显。由于加工过程中可忽略的背向力及由此对孔壁的可忽略的支承，麻花钻是深孔钻削薄壁件的有力工具。由于麻花钻的对称性，钻削孔壁表面的弹塑性变形也是不明显的。

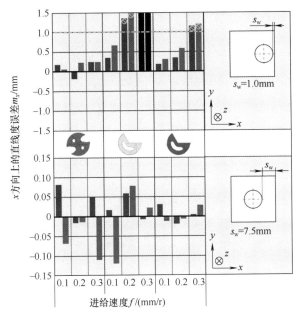

图5-57 在乳化液冷却和 MQL 两种方式下三种不同钻头
钻削不同壁厚工件的直线度误差

钻孔厚度 $s_w = 1$ mm 时工件的后视图如图 5-58 所示。根据图 5-57，麻花钻深孔钻削过程使用乳化液冷却和 MQL 两种方式的直观比较表明准干式加工钻孔在孔的直线度方面并无不利影响。单刃钻头钻削过程中，可以观察到直线度误差（随进给速度增加）有小幅度增长，均在 $m_x \approx 0.1 \sim 0.3$ mm。但相比薄壁件弹性变形产生的直线度误差，加工过程产生的直线度误差就显得无关紧要了。

除了切削热，切削力对直线度误差也有显著影响，特别是在单刃钻深孔钻削过程中，有必要分析刀具的受力情况。为了解刀具偏移的作用机制，这些数据对以仿真为基础的研究是不可或缺的。传统的切削力测量装置为旋转测力仪，只能测量作用在钻孔刀具夹紧位置的轴向进给力和钻削转矩。由于单刃钻头有较低的弯曲刚度和不对称的结构设计，主要的背向力通过导向块作用在钻孔表

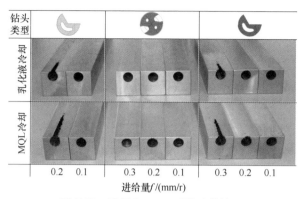

图 5-58　壁厚为 1mm 时钻孔的缺口

面上。因此，只有一部分实际切削和被动力可由单刃钻削的钻削转矩所决定。为了得到不同刀具半径加工时实时的切削力数据，巧妙设计了试验，试验设置如图 5-59 所示。截短过的麻花钻被安装在压电三向测力仪上，切削刃与测力仪的 x 轴在一条直线上。旋转的工件具有半径（$r = 1.0 \sim 5.0mm$）呈阶梯状分布的特殊几何结构，以确定刀具半径对切削力分布的影响。截去麻花钻的一个切削刃，以防止两个切削刃产生的径向力相互抵消。

图 5-59　测量刀具半径上切削力的试验设置

由于麻花钻的切削刃是完全对称的，在钻削过程中不会产生径向力。因此，后面的研究主要针对单刃钻。单刃钻钻削过程中，导向块作用在孔壁上，会产生复杂的平衡力。图 5-60 给出了进给速度 $f = 0.1 \sim 0.3\text{mm/r}$ 时的各个分力组成。对于每一段（$n>1$），定义力 F_n 为此阶段与上一阶段的力的差值。因此，F_n 的计算公式为 $F_n = F_{1\cdots n} - F_{1\cdots n-1}$。在之后的有限元分析中，刀具和工件之间相互接触时的切削分力按机械载荷计算。

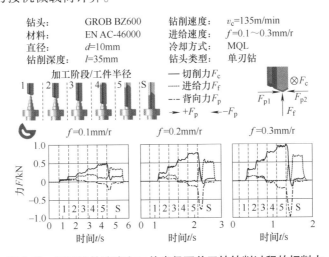

图 5-60   不同进给速度和工件半径下单刃钻钻削过程的切削力

为了研究单刃钻深孔钻削薄壁件过程中接触力的分布情况，使用 ANSYS 软件对钢制钻杆单刃钻进行准静态有限元分析，如图 5-61 所示。由于刀具的偏移，接触情况复杂，因而对整个钻头进行建模。为减少计算时间，只对与工件接触的长度 $l = 60\text{mm}$ 的范围施加载荷。边界条件设置与钻削过程的真实情况类似，刀具和工件也用固定装置进行固定。刀具和工件接触表面之间的摩擦按定义为库仑摩擦，摩擦系数 $\mu = 0.2$。有限元网格划分为边长 $l_e = 1\text{mm}$ 的均质四面体。为保证足够的精度，又对两处网格进行细化，工件薄壁处网格边长细化为 $l_e = 0.25\text{mm}$，刀具-工件接触界面网格边长细化为 $l_e = 0.5\text{mm}$。切削刃角度简化为四种形式，在 $\varphi_{ce} = 0° \sim 270°$ 间每间隔 $90°$ 进行设置。

根据表 5-9 中的三种不同的材料特性对材料进行建模。使用弹性模型代替整体硬质合金钻头的头部和钻头的钢制钻杆。工件被定义为简单双线性模型。表 5-10 列出了有限元分析中各参数取值。本试验研究了进给速度在 $0.1 \sim 0.3\text{mm/r}$ 范围内变化时相应切削力的变化情况。为了分析壁厚对刀具偏转和薄壁件的支承能力，壁厚的变化范围设置为 $0.25 \sim 1.5\text{mm}$。

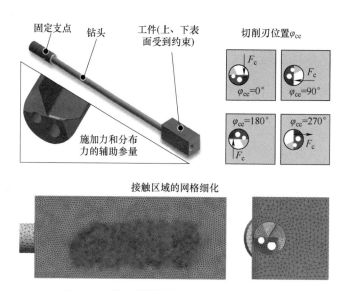

图 5-61　单刃钻钻削薄壁件有限元分析模型

表 5-9　材料特性

使 用 材 料	铝制工件	钢制刀具	硬质合金钻头
弹性模量 E/GPa	71	200	600
泊松比 ν	0.33	0.3	0.226
密度 ρ/(kg/m³)	2770	7850	14500
屈服强度 $R_{p0.2}$/MPa	280	—	—
切向模量 E_t/MPa	500	—	—

表 5-10　有限元分析的参数取值

切削刃位置 φ_{ce}	0°，90°，180°，270°
进给速度 f/(mm/r)	0.1，0.2，0.3
壁厚 s_w/mm	1.5，1.0，0.5，0.25

　　图 5-62 的上半部清晰地展现了仿真刀具的偏差情况。起支承作用的导向块和切削刃之间的轴向偏移，以及扭转应力、垂直于刀具轴线的弯曲冲量的作用使钻头产生了复杂的弯曲。钻头的最大径向位移 u_{max} 可表征工件与导向块接触区域的刚度和相应的钻孔能力。图 5-62 总结了不同参数下的结果。仿真结果表明切削刃位置 $\varphi_{ce}=90°$ 时，即切削力作用于工件的薄壁侧时，刀具产生最大的偏移量 $u_{max}\approx108\mu m$，相应的工件变形最大。其他切削刃位置引起的刀具偏移值大致

在 $u_{\max} \approx 90\mu m$ 的范围内。此外，从刀具变形引起的刀具偏移以及随后引起的钻孔直线度误差可以看出壁厚 s_w 的影响是显著的。壁厚 $s_w = 1.5mm$ 时几乎不会对刀具偏移产生负面影响。然而，导向块处轻微的偏移量会在随后的钻削过程中产生连续累积效应，导致实际壁厚减小。尽管试验研究中切削力是近似线性增加的，并应用于有限元模型（图 5-61），但刀具偏移随进给量的变化呈现出非线性特点。这是由工件的高弹性薄壁区域显著的孔壁变形引起的。钻头后面部分的应力和应变分析表明钻头变形减小，这可归因于导向块的支承作用。

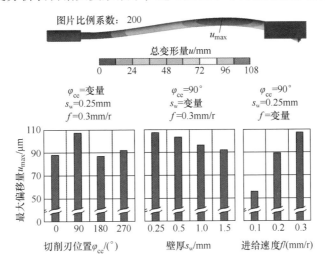

图 5-62　不同切削刃位置、壁厚和进给速度下刀具的
最大偏移量仿真图

接触区域的分析结果是考虑钻孔表面的正应力和相应的变形轮廓后得到的。为使数据结果具有足够的可比性，使用 MATLAB 创建了一个简单的评估工具，它可以转换极性位置的笛卡儿节点坐标并把结果映射到钻孔侧壁的平面展开图上（图 5-63）。由图 5-63 可知工件最薄区域就在 $\varphi = 180°$ 位置处。

对于工件的预期结构性能来说，切削刃位置在 $\varphi_{ce} = 0°$ 和 $\varphi_{ce} = 270°$ 时的分析结果是合理的。根据单刃钻削时导向块表面明显的磨损痕迹可知，导向块向切削力提供的横向支承导致了局部变形和相应的应力增长。然而，切削刃位置为 $\varphi_{ce} = 90°$ 和 $\varphi_{ce} = 180°$ 时却呈现出意料之外的结果。$\varphi_{ce} = 180°$ 时，产生的刀具变形导致了钻头和工件在整个刀具径向刃带长度上不寻常的接触面积。$\varphi_{ce} = 90°$ 时，薄壁区域的高度变形和计算出的应力情况并不相符，这是由于正应力只代表径向的应力。因此，尽管薄壁严重变形，但变形对导向块的支承作用可忽略不计。由此，薄壁区域的径向偏差转变为角方向的应力。

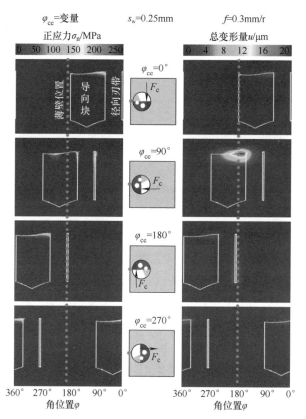

图5-63　单刃钻削时刀具和工件接触区的变形及
合成应力分布随切削刃位置变化的平面投影图

　　为了表示材料的多向应力情况，图5-64展示了特殊切削刃位置（$\varphi_{ce}=90°$和$\varphi_{ce}=180°$）时工件薄壁区域的等效应力评估侧视图。切削刃位置为$\varphi_{ce}=90°$时等效应力的不连续梯度说明了此时正应力和拉应力复杂的相互作用。$\varphi_{ce}=180°$时刀具的偏移也在孔壁处产生了显著的应力。实际深孔钻削过程中观测到的不规则情况导致了振动和钻孔质量不足，这与仿真结果相符。进一步的研究将集中在对出现的直线度误差的预测和补偿上。

　　干式加工在减少加工过程中能耗方面具有极大的潜力。在深孔钻削过程中，由于排屑问题，完全的干式切削是不可行的，需要使用准干式切削来替代。基于仿真的研究结果和相应的试验结果表明壁厚是主要的影响因素，它限制了微量润滑条件下铝制工件单刃钻削的生产率。热量输入和由此产生的刀具偏移及直线度误差主要取决于钻孔刀具的机械负荷。当孔壁厚度$s_w<1.5$mm时，刚度不够，机械负荷的一部分由孔壁处的导向块承担，这会引起刀具的过度偏移和大

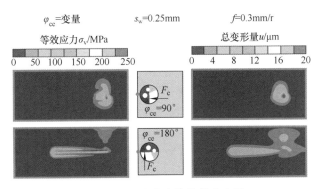

图 5-64 工件产生的等效应力图

于实际壁厚的直线度误差，进而产生侧向缺口，导致刀具从侧面退出。相比之下，麻花钻的对称式设计就比较具有优势，尤其是在薄壁钻削中。由于不产生或临界产生背向力，即使是在微量润滑钻削 $s_w = 1mm$ 的极薄孔壁时，也观测不到刀具偏移和直线度误差的增长。此外，为了解刀具半径的影响，建立一个具有特殊几何结构的工件以确定刀具的三维负荷曲线，研究结果被应用于单刃深孔钻削时刀具和工件接触情况的有限元分析中。特别地，切削刃位置为 $\varphi_{ce} = 90°$ 时，切削力直接作用于工件的薄壁侧，产生较大的应力和刀具偏移。这种影响在每个刀具循环进程中重复出现，增大了刀具偏移和直线度误差。整体硬质合金刀具的刚度较大，和钢制刀柄刀具相比具有微弱优势，但是在 $f = 0.3mm/r$ 时它也会引起刀具从侧面退出。综上所述，两种钻削方式均可满足生产率需求，但是麻花钻的对称性设计使得孔壁上的径向载荷较小，所以在加工薄壁件时使用麻花钻更合理。

（3）应用实例：微量润滑铝铸件的高速进给深孔钻削   在金属加工工业中，当加工孔的长径比 $l/D \approx 8 \sim 10$ 时，就采用深孔钻削方式。深孔钻削过程中，麻花钻在生产率方面更具有优势。相比于传统的单刃深孔钻削刀具，麻花钻对称式的双切削刃设计可达到更高的进给速度。此外，根据阿基米德式螺旋原理，排屑槽的螺旋角有利于促进切屑沿进给方向的反方向运动，从而有助于排屑。然而，与单刃钻具相比，双刃结构减小了排屑槽的横截面面积。

由于日益增加的能源成本，现代的加工工艺需要在能耗方面持续改进。相比于传统切削液，MQL 技术可节约采购、使用和回收方面的成本，因而其在减少加工过程中的总能耗方面具有很大的潜力。同时，使用 MQL 也省去了整套的冷却润滑装置，并使相应的能耗降低。然而，MQL 技术的应用也使切削过程中产生了一系列的需求和技术挑战。由于铝具有较高的黏附性，而微量润滑中作为载体介质的压缩空气降低了排屑性能，因而 MQL 方式钻削（尤其是深孔钻削）铝制工件时更具有挑战性。而且，向工件输入的热量增加，从而产生热变形及加工部件的偏差。之前的研究表明，进给速度是影响加工部件温度的主要因素。因此，现在的研究集中在使用极高的进给速度时工件热负荷的降低上。此外，引进了深孔钻具定向钻削的新技术，以实现定向的直线度误差控制。

研究所用的材料是铝合金 EN AC-46000，这种材料广泛应用于汽车工业中的发动机和变速器箱体部件。试验在四轴加工中心 GROB BZ600 上进行，并使用工作压力 $p_{MQL} = 1.5MPa$ 的特殊内部三通道 MQL 装置。试验装置如图 5-65 所示，包括切削力和工件变形的测量设备。工件温度由红外摄像仪测量，对工件进行预处理使其表面附有反射率 $\varepsilon \approx 0.98$ 的薄膜层。此外，还附加一个屏蔽管（图中未显示）以排除环境辐射的影响。

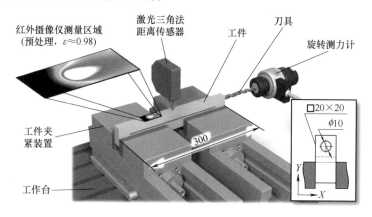

图 5-65　包含测量设备的试验装置

工件上的长槽分隔了切削区与夹紧区，使切削热能向上扩散，并使钻孔周围形成对称的热边界条件。使用一个直径 $d = 10mm$、全长 $l_t = 360mm$ 的未涂层的整体硬质合金麻花钻来加工中心孔。长度 $l_f \approx 320mm$ 的抛光排屑槽允许的最大钻削深度 $l_{max} \approx 300mm$。试验中先用导向钻加工一个深度 $l = 30mm$ 的定位孔。钻削过程中钻削速度 $v_c = 175m/min$ 并保持不变。

高速进给钻削试验的进给速度 $f = 1 \sim 4mm/r$，刀具的切削刃和腹板厚度进行了优化。由于预测钻削过程中会产生非常高的机械载荷，所以钻削过程开始时并没有采用最终选定的进给速度。根据参考进给速度 $f_{ref} = 0.3mm/r$ 的参照试验，为保证对深孔钻具良好的定位，选定初始进给速度 $f_{init} = 0.3mm/r$，初始加工深度 $l_{init} = 50mm$。此外，在长度 $l_{ramp} = 50mm$ 后，进给速度呈斜坡式增长以减小对钻头的冲击载荷。图 5-66a 展示了随钻孔深度变化的进给速度增长曲线，可以发现与传统钻削相比材料的去除率有显著的增大，切削时间 t_h 也随之减少，如图 5-66b 所示。使用最大的最终进给速度 $f_{end}=4mm/r$ 时，4.46s（$t_h<0.5s$）即可加工出深度 $l_{end}=170mm$ 的孔。

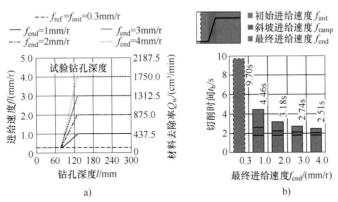

图 5-66　钻孔深度对进给速度的影响试验及计算出的切削时间

图 5-67 总结了不同试验进给速度下的机械载荷和工件温度。随着进给速度的增大，进给力和钻削转矩都明显增大。当进给速度 $f_{end}=4mm/r$ 时，它们的平均值可达 $F_f\approx8kN$ 和 $M_d=30N\cdot m$。计算出的切削时间（图 5-66b）不完全等同于试验中测量的真实时间，差值大约为 0.1s，这可能是由进给速度的加速过程导致的。与传统钻削过程相比，高速进给钻削时的进给能相比于切削能是不可忽略的。例如，最大进给速度 $f=4mm/r$ 产生的进给能 $E_f\approx1.7kJ$，切削能 $E_c\approx14kJ$。通常，需要的进给能和切削能与进给力和钻削转矩相对应。因此，进给速度增大时，加工过程必需的有效功率也会增大。然而，切削时间和进程中产生的总能耗都会降低。参照试验过程中，进给速度 $f=0.3mm/r$ 时，需要的有效能量 $E_a\approx19.3kJ$，相应的进给能 $E_f\approx0.22kJ$。与参照试验相比，切屑带走的热量越多，高速进给过程中的接触时间越短，剩余传入工件的热量就越少，如图 5-67b 所示。由于热流越高，切削时间越短，当进行高速进给钻削时，工件的热负荷几乎保持不变。

加工过程中工件的变形和不同最终进给速度下产生的钻孔直线度误差如图 5-68 所示。由于工件 x 轴方向的几何形状固定，其热变形是可以忽略的。因此，分析了 y 轴方向由热负荷和机械负荷引起的显著变形，如图 5-68a 所示。所有高速进给钻削过程后的残余热变形几乎都在 $u_{th}\approx70\mu m$ 左右。工件偏移的非热弹性分量 u_{mech} 由加工结束后加工件的回弹表示，与进给速度增加时逐渐增大的进给力相对应。

将直线度误差定义为钻孔出口位置相对于入口位置的误差。通常，当进给

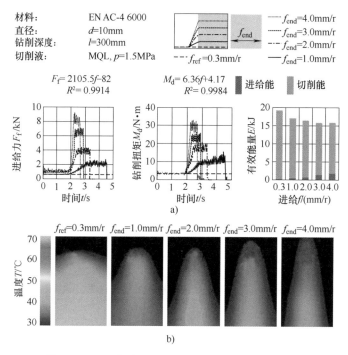

图 5-67　不同最终进给速度下的力学性能和热负荷

速度 f_{end} = 1mm/r 以及 f_{end} = 2mm/r 时，由于热负荷且切削力较小，直线度误差也较小。当进给速度最大（f_{end} = 4mm/r）时，直线度误差会显著增大到 $m_y \approx$ 0.6mm（图 5-68b）。实测温度和加工过程中工件变形的误差大是由工件的弹性形变引起的，而不是由工件的热膨胀引起的。

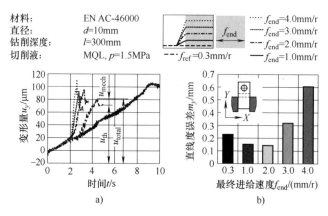

图 5-68　加工过程中的工件变形和不同最终进给
速度下产生的钻孔直线度误差

采用三种方案（A、B 和 C）钻削深度 $l=80\text{mm}$ 的孔，初始进给速度 $f_{init}=0.3\text{mm/r}$，最终进给速度 $f_{end}=2\text{mm/r}$。这三种方案的区别只在于增长到最终进给速度（图 5-69a）过程中进给速度增长斜坡的长度。此外还采用第四种在深孔钻削进程开始时排除低速进给部分的方案（方案 D）以研究刀具初始导向的影响。方案 D 的进给速度增长斜坡开始于深孔钻削进程的开端，直接在定位孔后。最终的加工时间因方案而异，方案 C 的加工时间最长，即 $t_C=3.86\text{s}$，但仍比参照时间 $t_{ref}=9.7\text{s}$ 缩短了 3/5（图 5-69b）。

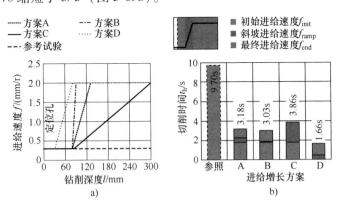

图 5-69　进给速度增长方案和计算出的切削时间

通常，机械载荷与钻削过程中的实际进给速度相对应，达到最终进给速度后，其平均值为 $F_f\approx3.8\text{kN}$，$M_d\approx17.3\text{N·m}$（图 5-70a）。切削时间越长，切削过程中能耗越多，两者相互对应。因此，长斜坡方案 C 需要最多的有效功，而方案 D 消耗最少的能量。方案 D 没有初始低速进给部分，且高速进给部分时间较长，因此与其他方案相比其切削能最少（图 5-70a）。

工件温度的情况（图 5-70b）与能量损耗的观测结果类似。与参考过程相比，方案 C 相比于其他方式对工件的热量输入减少，但热冲击最大。这种结果与方案 C 的较低速进给相符，这也使得其等温线形状与方案 A、B 和 D 不同。热谱图的中心位于钻削深度 $l=212.5\text{mm}$ 处，对于方案 C 此时进给速度达到 $f\approx1.35\text{mm/r}$。方案 A、B、D 经过红外摄像仪的测量区域时已经达到了它们的最终进给速度 $f_{end}=2\text{mm/r}$。然而，这些方案之间有一个显著的区别就是方案 A、B 有一个初始的低速进给区域而方案 D 没有这个部分。方案 A 和 B 在初始低速进给阶段（钻削深度 $l=30\sim80\text{mm}$）累积的高热负荷通过工件，并且即使在钻削深度 $l=195\sim230\text{mm}$ 的测量区仍可被检测到（图 5-70b）。方案 D 没有低速进给过程，对工件的初始输入热量较低，所以方案 D 中的工件温度最低。

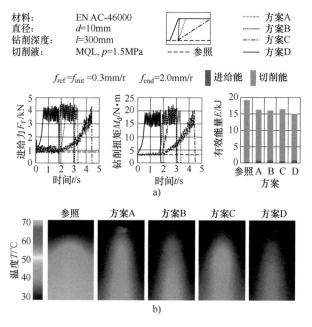

图 5-70　由各方案决定的力学性能和热负荷

产生的工件变形如图 5-71a 所示，且所有方案中工件的最终变形量几乎相等。相比之下，产生的直线度误差与各方案所用的导向及斜坡长度相关（图 5-71b）。方案 A 和 B 的直接比较表明，高速进给深孔钻削时进给速度增长斜坡对直线度误差的大小有着显著的影响。方案 C 的进给速度增长平缓，产生的热负荷和力都较小，因而获得了最小的偏差，尤其是在最先产生直线度误差的加工孔的前面。

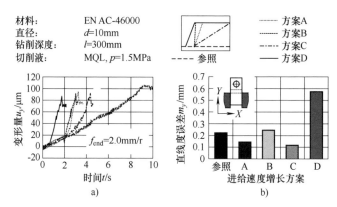

图 5-71　加工过程中工件变形量和不同进给速度
增长方案产生的钻孔直线度误差

在传统钻削中（图 5-72a），钻头轴线与钻孔轴线一致。为了实现对钻削方向的可控调整，从而补偿系统的直线度误差，使用了一种机床主轴附加径向进给的新方法（图 5-72b）。由于锥形导向槽仅出现在钻孔的前部区域，可通过刀柄的径向位移对钻头实行一个小的定向校正，使其偏离原始钻削轴线。当试验中施加径向力 $F_r = 10N$ 时，测量所用的标准整体硬质合金麻花钻切削刃处的变形，确定其弯曲刚度 $\delta \approx 0.2175 \text{mm/N}$。由于刀具具有螺旋角，其弯曲刚度与横截面的测量方向无关。相比之下，单刃钻头的弯曲刚度不同，它会引起不希望得到的振动效应。除了导向槽的锥度角之外，也应考虑钻头和加工孔之间的径向间隙。$d = 10 \text{mm}$ 的孔与导向槽后面 $d = 9.5 \text{mm}$ 的刀柄之间的差异导致了 $u_c = 0.25 \text{mm}$ 的恒定径向间隙，但是由于碰撞风险，钻孔深度越深，主轴的最大径向位移 u_r 变小。考虑到径向间隙 u_c 的存在，可由 $u_{max} \times l = u_c \times l_{drill}$ 的比例公式计算出刀柄（刀具露出长度为 l_{exp}）和主轴之间的径向最大位移。

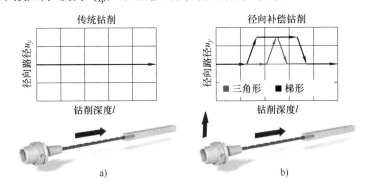

图 5-72　传统钻削和用主轴径向补偿路径对直线度误差定向控制的概念

应用介绍的方法且考虑到存在的限制，分析不同主轴径向补偿路径的方案。由于给出的试验装置，热膨胀和产生的直线度误差只发生在 y 轴正方向上。因此，径向路径的补偿方案也集中在 y 轴正方向。产生的刀具偏移以相反方式作用，并在 y 轴负方向产生直线度误差。最初研究的沿着钻削深度的径向路径三角函数起到了好的补偿效应，但是获得的直线度误差的重复性较差。然而，通过把最初的三角函数改进为具有线性补偿长度的方案可使其获得进一步的改善。产生的径向补偿路径的梯形函数的结果如图 5-73 所示。直线度误差可被准确指引到需要的方向，且产生直线度误差的数值与补偿函数的表面积相对应。梯形方案 A 面积 $A_A = 25 \text{mm}^2$，产生的直线度误差为 $m_y \approx 0.3 \text{mm}$。振幅增大的方案 C 和最大值范围更大的方案 B 产生近似相等的表面积，$A_B \approx A_C \approx 40 \text{mm}^2$，且产生可重复的直线度误差 $m_y \approx 0.4 \sim 0.5 \text{mm}$。

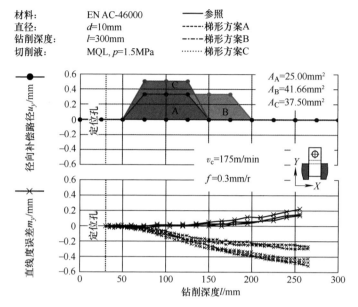

材料： EN AC-46000 ——参照
直径： d=10mm ------梯形方案A
钻削深度： l=300mm -·-·-·梯形方案B
切削液： MQL, p=1.5MPa ········梯形方案C

图 5-73 对径向补偿路径 u_y 应用不同梯形函数时产生的钻孔直线度误差 m_y

目前的基础研究证实了用 MQL 方式高速进给深孔钻削压铸铝合金的可行性。当进给速度在 f=1~4mm/r 范围内增长时，由于切屑带走了更多的热量，且加工过程中能耗减小，因此传入工件的热量也明显减少。考虑了热负荷、时间和加工孔直线度等因素后，用初始低速进给的长斜坡进给速度增长方案可得到最佳的切削性能。

此外，引进了一种新的深孔钻削方式来对直线度误差进行可重复的补偿。叠加的径向进给运动路径带来了对钻孔直线度的可重复定向控制。进一步的研究工作将关注于工件偏差的仿真预测和薄壁件深孔钻削中产生的直线度误差的补偿。

（4）MQL 条件下镁的钻削　常规切削速度下使用整体硬质合金钻或 HSS 钻头干式钻削镁合金是不切实际的。干式钻削中材料容易黏附，钻孔的表面质量较差。除考虑工件质量外，镁屑具有易燃性，这也阻碍了其干式钻削加工。除了加工过程中产生的切屑，还有非常小的切屑或切屑粉末散布在机床中。钻头崩刃会产生火花，这些粉末很容易由飞散的火花引起火灾。这些问题可由加润滑油、润滑剂或用 MQL 来避免。切屑粉末可被切削液冲洗并带离机床。工作区域的润滑作用也可以减小摩擦，由此降低的温度也会降低起火的危险。

使用螺旋角 26°的未加涂层的整体硬质合金钻头（K40UF）进行镁钻削加工试验，并采用内冷方式。当进给速度增大时，进给力和钻削转矩也上升。与铝加工相比，钻削镁时测得的负载明显较低。这种区别在钻削转矩中同样出现，尤其是在高速进给时。

当比较镁钻削的刀具负荷时，与乳化液润滑相比，MQL 方式的进给切削力较低。两者转矩都会增大，但使用乳化液润滑时更加明显。如果使用微量润滑，由于温度较高，刀具负载较低，材料稳定性也较低。MQL 使用润滑油也可得到较好的润滑作用，从而减少刀具和工件之间的摩擦。总的来说，使用 MQL 代替乳化液钻削镁时可轻微地减小刀具负荷。然而，不同冷却方式得到的表面粗糙度没有明显的区别。在主切削刃和副切削刃的前刀面及侧刀面均观测不到积屑瘤或材料黏刀。这个观测结果也与冷却方式无关。高速进给条件下微量润滑钻削镁是可行的。用 MQL 替换普通冷却方式对工件质量没有消极影响。

5.4 微量润滑技术在磨削加工中的应用

5.4.1 微量润滑磨削特性

磨削过程中砂轮是许多具有单个切削刃的磨粒的集合体，这使磨削加工与其他加工方式存在本质上的不同。其基本的区别在于单个切削刃具有明确的几何形状，而在磨削中，磨粒的切削刃的几何形状是随机的。磨削过程中，这些磨粒的前角通常为负，这就导致了高的变形率和高的摩擦，同时会产生大量的切削热。此外，磨削加工中使用的砂轮的宽度从不足 1mm（狭窄槽的磨削中使用）到数百毫米（各种应用中使用）不等，砂轮的直径也从约 1mm（牙科中使用）到几米（特殊应用中使用）不等。目前其他加工方式中多使用点状喷嘴，但这不能满足磨削时的工况要求，所以微量润滑在磨削中应用时必须采用适当的方法重新设计喷嘴。

在喷嘴设计用的各种油气混合方法中，最常见的是两级作用点喷。其中第一级将润滑剂输送到喷嘴内腔中；在第二级中，外腔中输送的压缩空气将润滑剂雾化，产生润滑剂与压缩空气混合的油雾。然而这并不总是最好的混合方法。在将雾粒输送到喷嘴和连续的油气供给系统之前，可以采用多种设计方法使润滑剂和气体在喷嘴内或在单独的空腔内进行混合。

5.4.2 针对磨削的微量润滑装置设计

在其他加工方式中使用的点状喷嘴能够对刀具和切削区进行充分润滑，并且也有关于在钻削和铣削中使用内部微量润滑的相关研究。然而，由于雾粒的分布和砂轮的覆盖，在微量润滑磨削过程中使用点状喷嘴存在一定的缺陷。喷嘴到砂轮表面的距离对附着在砂轮表面上雾粒的量和雾粒的尺寸都有很大的影响。另一个被忽略的重要因素是在立方氮化硼（CBN）应用中砂轮表面边界空气层的速度高达200m/s，这就阻碍了MQL气流到达砂轮表面和切削区。

这意味着在设计MQL磨削中使用的定制喷嘴时需要特别注意。因此，针对磨削的微量润滑设计必须从以下工艺条件入手：砂轮的转速和砂轮附近的空气动力学特性；切削深度和接触长度；供气压力；喷嘴形状和出口轮廓；喷嘴位置和射流出口速度。

》1. 砂轮的转速和砂轮附近的空气动力学特性

给定线速度（例如45m/s或120m/s），砂轮的表面和外围会形成一个空气层，其速度等于砂轮的线速度。这个边界空气层作为一道屏障，可以阻挡任何速度低于边界速度的流体，如图5-74所示。

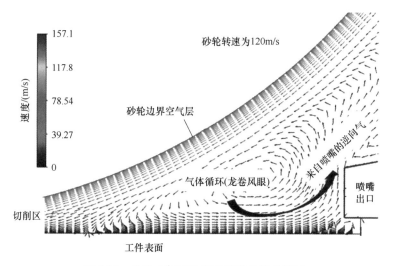

图5-74　边界空气层及其对喷嘴性能的影响

如图5-74所示，砂轮的线速度为120m/s，以相同速度运动的边界空气层附着在砂轮上。在砂轮-工件和喷嘴之间的密闭容积中，发生高湍流，产生再循环，其中心类似于龙卷风眼。在磨削液或MQL流体到达切削区之前，该循环与边界空气层协同作用可以很好地阻挡磨削液和MQL流体。这就是在定义任何MQL加工工艺参数之前必须要了解砂轮周围的空气动力学特性的原因。

》2. MQL射流出口速度和喷嘴位置

了解砂轮周围的空气流动用来确定MQL射流的出口速度和喷嘴的位置，以确保砂轮表面的充分润滑和 MQL 流体进入切削区。射流出口速度是喷嘴孔径、磨削液流量和压力的函数，因为这些参数的变化直接影响 MQL 射流的性能。

为了使射流能够穿过砂轮表面的边界空气层到达砂轮表面，射流速度必须至少为砂轮速度的 60%~80%或等于砂轮速度。有各种手段和设计可以节省空气泵送能量和压力，从而使喷射速度降低到砂轮速度的 60%。这些手段包括使用挡板、定制喷嘴设计、智能喷嘴定位等。图 5-75 所示为砂轮周围流体的有限元分析（FEA），该分析模型中应用了挡板来消除边界空气层的影响。在这种 FEA 模型中，网格化策略对于捕捉气流和磨削液动态响应的关键要素非常重要。从这里可以看出，自适应网格在砂轮边缘、挡板和喷嘴出口周围设置得非常精细。关键区域的网格尺寸必须足够小，才能够捕捉流量中的所有变化。粗糙或者默认的网格会给出有偏差的结果，低估流速的实际性能。

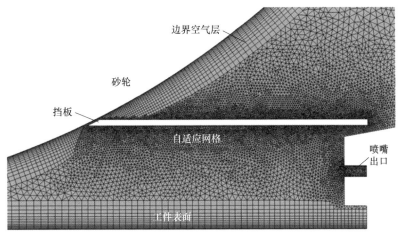

图 5-75　使用 FEA 研究边界空气层

图 5-76a 给出了 FEA 结果，图中可以看到流体被边界空气层阻挡，如图 5-74 所示，该边界空气层在工件-砂轮和喷嘴之间形成的空间体积中形成龙卷风旋涡。然而，图 5-76b 描绘了挡板加在喷嘴顶部的效果。图中流体没有损失地进入了切削区。

初步了解砂轮-工件-喷嘴子系统周围的空气/流体动力学特性，可以设计和确定工艺参数，配置一个可以很好地实现切削液向切削区输送的系统。图 5-77 所示为由砂轮-工件-喷嘴子系统形成的区域中的边界空气的实际速度分布。图中观察到流体本身附着在砂轮表面而没有被边界空气排开。该测量是通过以 45m/s 的速度旋转的砂轮周围的烟雾，并使用激光多普勒测速仪（LDA）来记录测量体积中的粒子速度来实现的。

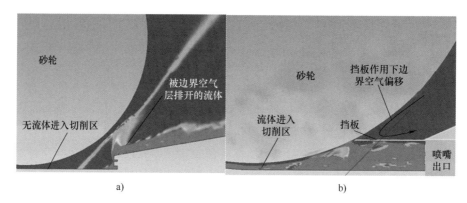

图 5-76 使用 FEA 分析挡板在排除边界空气层的影响

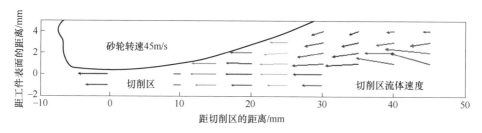

图 5-77 通过 LDA 记录的以 45m/s 旋转的砂轮周围烟雾中的实际气流模式

对于 MQL 应用来说，喷嘴的位置至关重要。当使用点状喷嘴时，在喷嘴离砂轮很近的情况下，只有喷射中心区域能够被很好地润滑，砂轮的边缘没有被完全覆盖，因此润滑效果不好。如果喷嘴位置远离砂轮，则整个轮宽被覆盖，但润滑剂较少（图 5-79）。原因是液滴及其尺寸的分布以及沉积在砂轮表面的润滑剂量，是喷嘴与砂轮之间的距离和砂轮速度的函数。因此，根据喷嘴形状，出口可以像传统流体输送中那样设置一个角度，使砂轮能够被完全覆盖。

在喷嘴定位中，还可以利用柯恩达效应，如果喷嘴接触砂轮，流体会立刻被吸附到砂轮表面，如图 5-78 所示，其中喷嘴出口位于砂轮附近，使得 MQL 流体被吸向砂轮表面并被带入切削区域。因此，喷嘴外部和内部形状的设计对于实现所需结果至关重要。

图 5-79 说明了磨削过程中使用点状喷嘴时遇到的主要问题。图 5-79a 表明喷嘴中喷射出的液雾存在一个具有致密液滴的核心区域，该核心区域被两条虚线围成一个三角区域（准确来说是一个圆锥区域）。图 5-79b 所示为一个拉伸了的矩形喷嘴喷射出的液滴图案。而图 5-79c 所示为圆形喷嘴的液滴图案。喷雾被分为三个区域，这些区域表示了液滴的大小和分布。

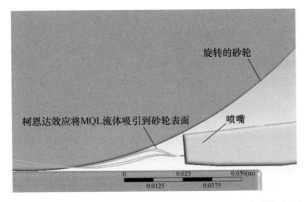

图 5-78 柯恩达效应将 MQL 流体吸引并附着到砂轮表面

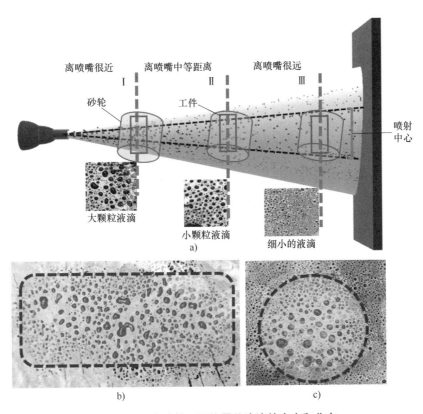

图 5-79 距离砂轮不同位置处液滴的大小和分布

a）MQL 液滴随喷射距离的分解 b）矩形喷嘴喷射中心的液滴分布

c）圆形喷嘴喷射中心的液滴散布

在区域Ⅰ中，砂轮距离喷嘴很近，这是使用点状喷嘴时最常见的情况，此时砂轮转速促使雾滴聚集成了较大颗粒的液滴，为砂轮表面提供了较多的油量。然而，正如5-79a图所示，雾滴喷射区域并没有完全覆盖砂轮的宽度。因此，只有砂轮中心部分润滑得很好，而边缘却没有，即工件并没有被完全润滑。

在区域Ⅱ中，当砂轮和喷嘴相距一段距离时，聚集的液滴大小取决于离喷嘴的距离、空气压力和砂轮转速。在区域Ⅲ中没有聚集液滴群，而是由大量细小的液滴组成。但正因如此，液滴没有足够的动量来穿透环绕在砂轮周围的边界空气层。虽然工件和砂轮可以被完全覆盖，但是如果液滴不能高速穿过砂轮周围的边界空气层，那么这种情况的下的润滑是不充分的。因此，这种情况下应该增加喷嘴的气压。

图 5-80 所示为液滴大小和供应的空气压力之间的关系。从图中可以看出，在低气压情况下，喷射出的液滴直径会很大。然而，随着空气压力的增加，喷射出的液滴大小基本呈线性减小（图 5-80a）。同时，随着供应空气压力的增加，液滴平均速度也呈线性增加。这是由于在低压下，粒子具有较大的尺寸和更高的惯性。在高压下的粒子轻而小，因此更容易被喷嘴喷出。此外，从图 5-80 中可以明显看出，流速也有类似的效果，即流速的增加会导致液滴大小的线性下降和速度的增加。

⯮ 3. 微量润滑喷嘴设计

虽然传统浇注式润滑方式和微量润滑两者的原理并没有太大区别，但是两者的喷嘴设计却截然不同。在常规的浇注式润滑中也用到了点状喷嘴，但需要应用多个喷嘴共同工作的方式以保证覆盖整个砂轮的宽度。图 5-81 所示为各种用于传统浇注式润滑磨削加工时的各种不同喷嘴。图 5-82 所示为用于微量润滑喷嘴和传统浇注式润滑喷嘴的区别。从中可以看出，参照传统浇注式润滑中的扁平喷嘴或一系列聚合的点状喷嘴，微量润滑中只用一个点状喷嘴是不够的。因此，为了使微量润滑能够更好地在磨削中起作用，其定制喷嘴需要重新设计。

图 5-83a 所示为一个聚合多个点状喷嘴形成扁平喷嘴应用于微量润滑的例子。这些聚合的喷嘴有一个共同的主要出口（外观上的主喷嘴）。其中主喷嘴中的空腔设计是为了将液滴和空气充分混合。但在设计腔体时需要注意，空腔可能导致喷射初速度下降。因此，主喷嘴的出口设计必须进行优化，以弥补主喷嘴处的流速损失。该部分可以通过对主喷嘴的模块化设计来实现。图 5-83b 所示为喷嘴出口孔的设计示例，其具体形式取决于气体压力、砂轮直径和砂轮与工件之间的可利用空间。

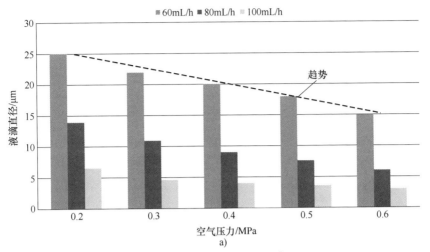

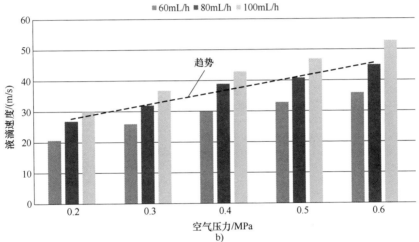

图 5-80 不同气压下的液滴大小和速度

a) 液滴大小 b) 液滴速度变化趋势

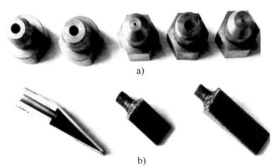

图 5-81 传统浇注式润滑的喷嘴

a) 点状喷嘴 b) 扁平喷嘴

图 5-82 微量润滑喷嘴和浇注式润滑喷嘴的区别

a）MQL 点状喷嘴 b）传统扁平喷嘴

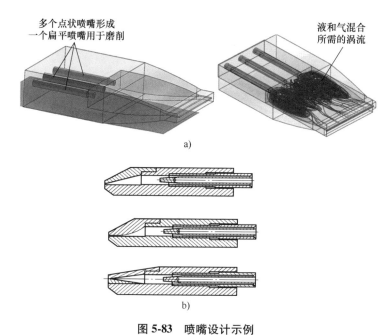

图 5-83 喷嘴设计示例

a）将点状喷嘴集合形成的扁平喷嘴及喷嘴腔体内部流体扰动情况

b）与工艺条件相匹配的喷嘴出口形式

5.4.3 微量润滑技术在磨削中的应用效果

1. 磨削力

评价磨削过程的参数主要有两个，即磨削力和砂轮磨损量。

试验表明，MQL 在磨削中的应用可以降低磨削力。

图 5-84a 所示为磨削过程中磨削力和液滴大小的函数。可以看出随着液滴大小的改变，磨削力几乎不变。这说明在润滑过程中液滴的大小对磨削力的影响不大。

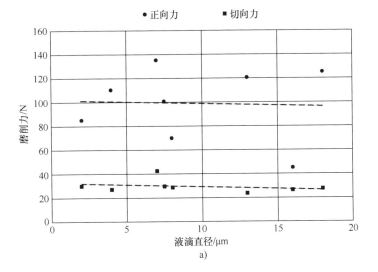

a)

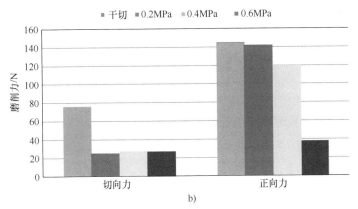

b)

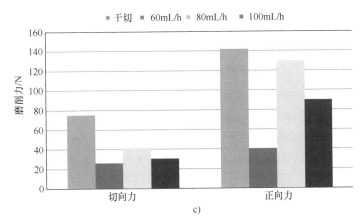

c)

图 5-84 MQL 磨削力及其影响因素

图 5-84b 所示为磨削力与供给压力之间的函数，在磨削过程中，消耗的能量与磨削切向力成正比。可以看出，当供给压力从 0.2MPa 变化到 0.6MPa 时，切向磨削力几乎不变。这表明，切向力和供给压力之间没有影响。然而对于正向磨削力而言，压力的提高会导致磨削过程中切削液的冲刷力增加，其垂直分量会减小正向的切削力。这种流体力学效应只在随着液滴大小的增加导致磨削力的轻微减小中能观测到。

当磨削细小的和长条的工件时，高的 MQL 供给压力会降低正向磨削力，在其他情况下，增加供给压力没有明显的作用。

从图 5-84c 中可以看出，随着供油流量的增加，切向磨削力不会有太大改变。然而，正向磨削力的变化曲线表明供油流量的增加会导致正向磨削力的增加。这是因为过多的油滴形成了一种胶团状的黏性物质，这种物质会在砂轮表面留下可见的黑色条纹，增加了摩擦力和附着力，并减小了砂轮磨粒的磨削能力，因此产生了更高的正向力来保持砂轮的正常磨削。

研究人员使用不同制造商生产的各种不同生物油和合成油进行了试验，试验表明不同的油在工艺性能上有细微的差别。图 5-85 所示为使用蔬菜油和合成油的 MQL 在一系列供油流量下的磨削力。从图中可知：50~70mL/h 的流量是最好的供给率，可以有效降低磨削力。

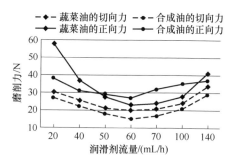

图 5-85　不同润滑剂类型和流量的 MQL 磨削性能

图 5-86 所示为两个在 MQL 磨削中无振动和有振动的例子。

图 5-86a 所示为 MQL、干式磨削和浇注磨削三者切向力的对比，可以看出 50mL/h 的 MQL，使用 M2 工具钢（52HRC）条件下，切向磨削力在 100 次磨削刀具经过时保持不变。但在干式磨削和浇注润滑磨削时随着走刀数量的增加，切向磨削力线性增加。在本例中可以看出，MQL 优于浇注润滑。

图 5-86b、c 所示为应用 MQL 加工一种难加工的铬镍铁合金 718 航空材料的例子。由于其自身的热特性，铬镍铁合金 718 不能在有切削液的情况下进行机械加工。因此，为了方便加工，在加工过程中引入低频振动。试验结果表明在同时使用振动加工和 MQL 时，可以在 25μm 内形成无明显可见的热影响区，超过这一范围时开始出现明显的热缺陷。加入振动后可以保证较好的磨削力，随着磨削深度的增加，磨削力会线性增长。

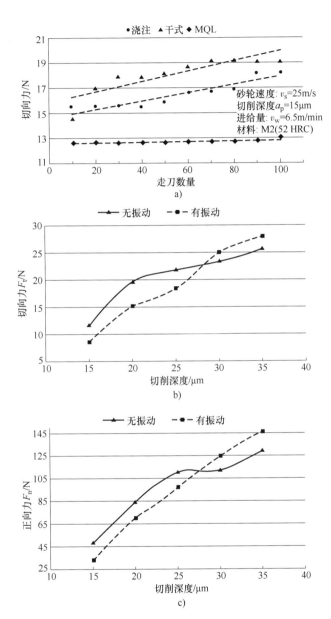

图 5-86　MQL 磨削表现

a）M2 工具钢（52HRC）切向磨削力对走刀数量的函数

b）铬镍铁合金 718 材料的切向磨削力对切削深度的函数

c）铬镍铁合金 718 材料的正向磨削力对切削深度的函数

在不使用浇注冷却润滑磨削铬镍铁合金的情况下可以看出，将 MQL 和振动加工结合在一起，可以形成一种对环境友好的绿色加工方式。在绿色加工中，传统的加工方法可能达不到目标，这时应该将具有创新性的新技术运用在新工艺中。

▶▶ 2. 砂轮磨损和残余应力

在磨削中，砂轮磨损是工艺性能的关键指标之一，尤其是精密磨削中的直径磨损需要通过连续修整来补偿。砂轮磨损影响切削力、尺寸精度和表面粗糙度。在磨削技术中，砂轮磨损被称为磨削比。图 5-87a 显示出了在 MQL 冷却条件下，使用 CBN 和氧化铝磨轮进行磨削时，砂轮磨损量和空气与切削液流量之比的关系。可以看出，用氧化铝砂轮磨削与 CBN 相比具有明显的优势。这是由于氧化铝砂轮具有多孔性的特点，孔中可以携带足够的切削液。而对于 CBN 砂轮而言，在滑动、摩擦、犁削阶段时，砂轮与工件第一次接触，油层被挤出而没有进入切削阶段。另外，缺少主动冲洗会导致切屑附着在轮面上，造成过度摩擦和磨损。

如图 5-87b 所示，表面粗糙度不取决于 MQL 流量，而是取决于砂轮修整方法、切削深度和切削速度方面的工艺配置。在 MQL 应用过程中，重要的是使用一个额外的清洁喷嘴，以高压空气喷射来清除切屑，防止砂轮表面微孔阻塞，以将油雾带入接触区域。

表征磨削过程的另外两个参数是磨削工件的显微硬度和磨削过程产生的残余应力。磨削过程中热的产生导致表层的相变和软化。应尽量避免拉应力的出现，因为它们在使用过程中会导致零件裂纹的形成并导致过早失效。

图 5-88a 所示为表层至 $150\mu m$ 深度部分的显微硬度曲线。这表明，由于研磨，表面下 20mm 处已经软化，这意味着该部分已经失去了初始硬度。浇注式冷却软化最明显，而植物油冷却条件下软化最少。

图 5-88b 所示为用 CBN 和铝合金砂轮磨削时引起的残余应力状况。CBN 磨削的特点在于可以控制所需的压应变，在这种情况下，相对于氧化铝砂轮，CBN 砂轮可以更好地利用 MQL。MQL 已经确保了足够高的残余压应力，比常规的浇注式冷却和干式磨削更好。从图 5-88b 中可以看出，MQL 流量对残余压应力影响不大，残余压应力取决于工艺配置和修整方法。

▶▶ 3. 热模型

在磨削中，供给砂轮的能量在接触界面处转换成热量。能量的损失包括轴承系统中的摩擦损失、电动机及其驱动系统中的损失、在变形过程中工件和切屑材料中的附加应力。材料中吸收的能量在磨削接触的时间跨度内不再以热的

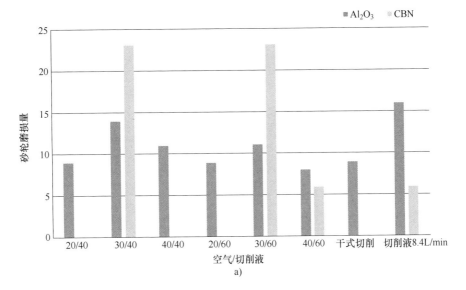

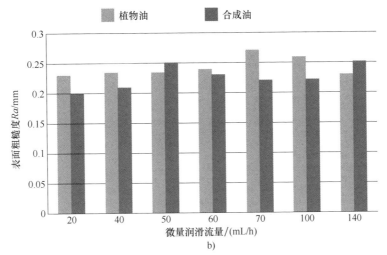

图 5-87　MQL 工艺性能和空气与润滑油流量之比的关系

a）砂轮磨损量　b）表面粗糙度

形式出现，并且不能像弹性变形能那样可以恢复。大量高压切削液的应用会损失一些能量，但这些能量损失的总和与磨削耗散的总能量相比是非常小的，因此可以忽略不计，但应考虑切削液使用造成的能量损失。

　　然后将赋予磨削接触区域的剩余能量分配到直接涉及接触区域的关键元件之中。这些关键元件是工件、砂轮、切屑和流体（若使用切削液）。磨削接触区域的能量分布如图 5-89 所示。

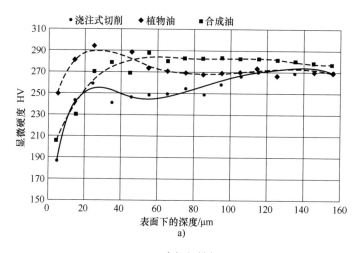

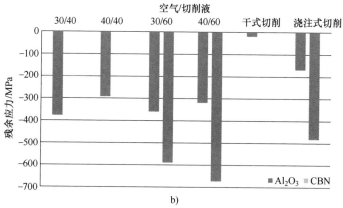

图 5-88 MQL 磨削性能

a）显微硬度   b）残余应力

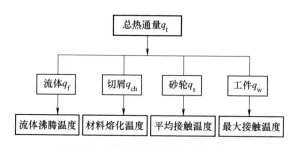

图 5-89 磨削接触区域的能量分布

总热通量 q_t 是单位接触面积上供应到主轴的净磨削功率 P。图 5-90 说明了如何利用测得的主轴功率来确定净磨削功率。或者，可以通过测量切向磨削力再计算得到净磨削功率。总热通量包括进入工件中的热量 q_w、通过砂轮传输的能量 q_s、被切屑带走的能量 q_{ch} 及由切削液从接触区域带走的能量 q_f。

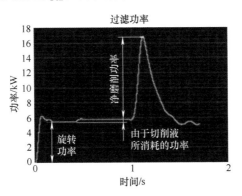

图 5-90　确定净磨削功率的方法

$$q_t = \frac{P}{bl_c} = \frac{F_t v_s}{bl_c} \tag{5-2}$$

式中，b 为磨削宽度；l_c 为接触长度；F_t 为切向磨削力；v_s 为砂轮线速度。

$$q_t = q_w + q_s + q_{ch} + q_f \tag{5-3}$$

每个基本的热通量可以表示为表面传热系数 h 和温度 T_{max} 的乘积。

$$q_w = h_w T_{max} \tag{5-4}$$

$$q_s = h_s T_{max} \tag{5-5}$$

$$q_f = h_f T_{max} \tag{5-6}$$

$$q_{ch} = h_{ch} T_{mp} \tag{5-7}$$

进入工件中的热量可由接触面的最高温度表示为

$$q_w = \frac{\beta_w}{C} \sqrt{\frac{l_c}{v_w}} T_{max} \tag{5-8}$$

因此，工件的表面传热系数为

$$h_w = \frac{\beta_w}{C} \sqrt{\frac{v_w}{l_c}} \tag{5-9}$$

式中，C 是取决于佩克莱数的系数；β_w 是工件材料的热性能参数，

$$\beta_w = \sqrt{k\rho c} \tag{5-10}$$

式中，k 为电导率；ρ 为材料密度；c 为比热容。

切屑中的热量使温度上升到软化温度和熔点之间的某个值。因此，取熔点/软化温度 T_{mp} 为 1250℃，由切屑带走的热通量可定义为

$$q_{ch} = T_{mp}\rho c a_e \frac{v_w}{l_c} \quad \text{或} \quad q_{ch} = e_{ch} a_e \frac{v_w}{l_c} \qquad (5\text{-}11)$$

磨粒与工件的接触可认为是一个用于热量分配的砂轮-工件子系统，这是因为它们具有相同的热通量 q_{ws}，且

$$q_{ws} = q_w + q_s \qquad (5\text{-}12)$$

工件和砂轮之间的热量分配可根据 Hahn 关于工件上磨粒滑动的理论进行估计，因此，可表示为

$$R_{ws} = \frac{q_w}{q_w + q_s} = \frac{h_w}{h_w + h_s} = \left(1 + \frac{0.97 k_g}{\beta_w \sqrt{r_o v_s}}\right)^{-1} \qquad (5\text{-}13)$$

式中，k_g 为磨粒的热导率；r_o 为磨粒的有效磨损半径。由式（5-13）可求得砂轮的表面传热系数为

$$h_s = h_w \left(\frac{1}{R_{ws}} - 1\right) \qquad (5\text{-}14)$$

能量比系数被定义为传输到工件的能量与磨削时产生的总能量之比。有研究表明，在传统磨削过程中，60%~95%的磨削热传输到工件，从而导致工件温度上升。

磨削区最高温度 T_{max} 可由表面传热系数和前述公式进行估算，它被定义为

$$T_{max} = \frac{q_t - q_{ch}}{\dfrac{h_w}{R_{ws}} + h_f} \qquad (5\text{-}15)$$

这里，将流体的表面传热系数 h_f 考虑在内。然而，在干式切削和 MQL 条件下，流体的表面传热系数几乎为零。因此，本章对 MQL 条件进行讨论时，流体的表面传热系数 h_f 不再进一步阐述。

本节提出的温度估算热量分配方法可有效、快速地对磨削热效应进行建模。然而，目前存在各种各样的热模型，且这里提出的模型受系数 C 与磨粒的有效磨损半径 r_o 的影响。

研究发现，表面传热系数强烈依赖于流体传输的有效性。关于流体效应和对流的更多信息可以在 Benkai 及 Hadad 等的研究资料中找到。

在实践中，最高温度可在两个极端情况下计算出，即流体有效传输及流体临近用尽的情况。由于第二种情况下没有真正意义上的冷却，只有极薄的油膜

作为润滑剂，因此可近似看作 MQL 条件。在流体有效传输条件下，测得的温度趋向于低的极限值；当即将用尽情况发生时，温度急剧上升到另一个极值。这引出了可用于直接估算 MQL 磨削温度的温度测量方法。

▶ 4. 磨削温度测量

机械加工中，刀具和工件之间产生的温度需要考虑，并进行精确估算，这是因为它对刀具和工件都有不利的影响。高温降低刀具寿命，并引发热冲击、工件材料的烧伤和相变，从而把一定的能量封锁在工件内部，进而在工件内部产生残余应力。

因此，对切削区温度有一个明确的指示，以预测切削过程中刀具和工件的变化过程，以及是否满足切削条件是很重要的。温度可以用两种方式来测量，即非接触式测量和接触式测量。

（1）非接触式测量　非接触式测量可以采用各种先进的仪器设备实现，包括热成像技术、数字图像分析和布拉格光栅技术。图 5-91 所示为用于温度测量的热成像仪的布置方式。尽管这种技术可以简单地设置并提供趋势性的结果，但它受到"边界效应"的影响，即热成像仪无法检测到接触区的热流。它测量的是砂轮侧面的温度，在图 5-91 中，这个温度低于切削区的实际温度。实际切削区温度要采用熟知的方法进行估计。

如果砂轮宽度大于工件，热成像仪记录的温度高于实际温度，这是由于工件的边缘较热（热成像仪记录的是工件边缘的温度），因为和大块的工件材料比，这个地方的温度无法很好地传递出去造成了热量积累。

图 5-92 所示为另外一种可用于测温的方法。将光导纤维和相机结合在一起来测量接触区温度，在砂轮上钻孔后将纤维插入，此时需要注意砂轮转速不能过高，此外，孔出口必须保持清洁，防止切屑堵塞，这点往往很难做到。

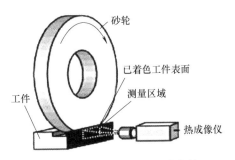

图 5-91　磨削加工中热成像仪的
布置方式

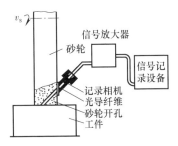

图 5-92　磨削加工中光导纤维
测温的布置方式

（2）接触式测量 有许多可以直接测量切削区温度的方法，包括热电偶和布拉格光栅技术，该技术将布拉格纤维插入工件的切削区下方一定距离处，切削区温度可以根据工件材料传热特性用热电偶测量的温度推测出来。标准热电偶的布置方式如图 5-93 所示。在设置时应根据热电偶的放置位置计算并控制切削深度。工件材料可以分成两半，这样方便钻孔并布置热电偶丝。热电偶也可以放置在砂轮上，然后使用遥测的方式获取数据。这种测温方式已有实际应用，但是成本较高。

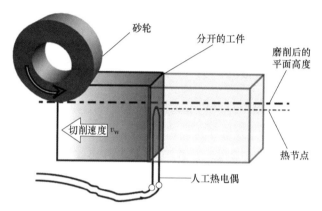

图 5-93 磨削加工中热电偶测温装置的标准布置方式

将单根金属丝插入切开的导电工件之中作为测温单元的单极可切削热电偶是一种更好的精确测温方式。它是一种半人工热电偶，任何导电工件材料都可以采用这种方式，但是在使用之前需要进行精确校准。Batako 等在 2005 年发表的文章中详细地说明了这种热电偶的设置及使用方法。图 5-94 所示为典型的半人工热电偶的布置方式，金属丝为一极，工件材料为另一极，当砂轮切过热

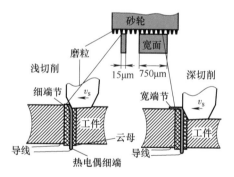

图 5-94 半人工热电偶精确测温装置布置方式

电偶时，会形成热节点，从而产生电信号来显示切削区温度。通常使用 1mm 宽、30~50μm 厚的金属箔作为单极材料。在采用可磨削布拉格纤维时，热电偶可以被多次磨削来获得切削区温度。这种方法可以获得精确的刀具工件接触区的瞬时切削温度。

图 5-95 所示为微量润滑磨削中直接测温的例子以及相应的模拟数值。工件

材料为 62 HRC 的淬火钢，加工用砂轮是一个氧化铝砂轮且经仔细粗、细修磨过。图 5-95a 所示为粗磨砂轮磨削后的温度分布，切削速度为 25m/s；图 5-95b 所示为精磨砂轮加工后的温度分布，切削速度为 45m/s。图中"预测"的是干式切削、浇注式切削和 MQL 的温度模拟数值。预测模型采用了式（5-2）～式（5-10）中描述的方式。可以看出，对于精磨砂轮，模型高估了温度，而对于粗磨砂轮则低估了温度。这种差异反映了模型对晶粒度的敏感性。这里和图 5-86a 中变切向力条件下观察到的情况是一致的，即微量润滑对切削区温度没有太大影响。

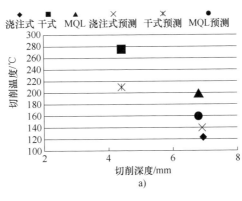

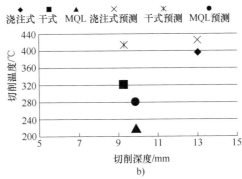

图 5-95 30mL/h 流量时 MQL 磨削时的切削区直测温度

a）粗磨，$v_s = 25m/s$，$v_w = 6.5m/min$　b）精磨，$v_s = 45m/s$，$v_w = 6.5m/min$

参 考 文 献

[1] HADAD M，SADEGHI B. Minimum quantity lubrication-MQL turning of AISI 4140 steel alloy [J]. Journal of Cleaner Production，2013，54：332-343.

［2］ KAMATA Y, OBIKAWA T. High speed MQL finish-turning of Inconel 718 with different coated tools［J］. Journal of Materials Processing Technology, 2007, 192: 281-286.

［3］ DHAR N R, KAMRUZZAMAN M, AHMED M. Effect of minimum quantity lubrication（MQL）on tool wear and surface roughness in turning AISI-4340 steel［J］. Journal of materials processing technology, 2006, 172（2）: 299-304.

［4］ 袁松梅, 刘晓旭, 严鲁涛. 一种微量润滑系统: 2008101188578［P］. 2009-01-28.

［5］ 袁松梅, 严鲁涛, 刘强. 一种微量润滑系统: 200910089334X［P］. 2009-12-09.

［6］ 熊伟民. 一种用于外冷和内冷式高速机床加工的微量润滑供应系统: 2012100263328［P］. 2012-07-04.

［7］ 张敏. MQL 气泡雾化喷嘴下游流场数值模拟［D］. 西安: 西安理工大学, 2007.

［8］ 于忠强. 空气雾化喷嘴雾化特性的实验研究［D］. 大连: 大连理工大学, 2014.

［9］ 王洋. 油膜附水滴雾化喷嘴的设计与试验研究［D］. 太原: 中北大学, 2016.

［10］ 牛晓钦. 雾化小量润滑切削技术中扇形喷嘴的设计与研究［D］. 太原: 太原科技大学, 2011.

［11］ 毛聪, 周鑫, 谭杨, 等. 基于微量润滑磨削的双喷口喷嘴雾化仿真分析［J］. 中国机械工程, 2015, 19: 2640-2645.

［12］ ARRAZOLA P J, GARAY A, IRIARTE L M, et al. Machinability of titanium alloys（Ti6Al4V and Ti555. 3）［J］. Journal of Materials Processing Technology, 2009, 209（5）: 2223-2230.

［13］ 高昆, 齐乐华, 罗俊, 等. 用于飞机战伤抢修切割的微量润滑装置开发及切削润滑试验［J］. 机械科学与技术, 2016, 35（5）: 805-808.

［14］ LIU Z Q, CAI X J, CHEN M, et al. Investigation of cutting force and temperature of end-milling Ti-6Al-4V with different minimum quantity lubrication（MQL）parameters［J］. Proceedings of the Institution of Mechanical Engineers, Part B: Journal of Engineering Manufacture, 2011, 225（8）: 1273-1279.

［15］ CAI X J, LIU Z Q, CHEN M, et al. An experimental investigation on effects of minimum quantity lubrication oil supply rate in high-speed end milling of Ti-6Al-4V［J］. Proceedings of the Institution of Mechanical Engineers, Part B: Journal of Engineering Manufacture, 2012, 226（11）: 1784-1792.

［16］ 苏宇, 何宁, 李亮, 等. 低温氮气射流对钛合金高速铣削加工性能的影响［J］. 中国机械工程, 2006, 17（11）: 1183-1187.

［17］ SU Y, HE N, LI L, et al. An experimental investigation of effects of cooling/lubrication conditions on tool wear in high-speed end milling of Ti-6Al-4V［J］. Wear, 2006, 261（7/8）: 760-766.

［18］ PARK K H, SUHAIMI M A, YANG G D, et al. Milling of titanium alloy with cryogenic cooling and minimum quantity lubrication（MQL）［J］. International Journal of Precision Engineering and Manufacturing, 2017, 18（1）: 5-14.

[19] YUAN S M, YAN L T, LIU W D, et al. Effects of cooling air temperature on cryogenic machining of Ti-6Al-4V alloy [J]. Journal of Materials Processing Technology, 2011, 211 (3): 356-362.

[20] 严鲁涛. 低温微量润滑切削技术作用机理及试验研究 [D]. 北京：北京航空航天大学, 2011.

[21] 陈日曜. 金属切削原理 [M]. 北京：机械工业出版社, 1992.

[22] FANG N, WU Q. A comparative study of the cutting forces in high speed machining of Ti-6Al-4V and Inconel 718 with a round cutting edge tool [J]. Journal of Materials Processing Technology, 2009, 209 (9): 4385-4389.

[23] 张子达, 赵武, 陈领, 等. 微量润滑条件下 N87 合金钢铣削工艺参数优化 [J]. 组合机床与自动化加工技术, 2020 (6): 145-149.

[24] 田荣鑫, 田卫军, 姚倡锋, 等. 高温合金 GH4169 低温微量润滑插铣切削力试验研究 [J]. 航空精密制造技术, 2015, 51 (5): 38-40; 43.

[25] 李郁, 田卫军, 任军学, 等. 低温冷却 GH4169 高温合金插铣刀具磨损试验研究 [J]. 现代制造工程, 2017 (8): 87-92.

[26] ZHANG S, LI J F, WANG Y W. Tool life and cutting forces in end milling Inconel 718 under dry and minimum quantity cooling lubrication cutting conditions [J]. Journal of Cleaner Production, 2012, 32: 81-87.

[27] KASIM M S, HARON C H C, GHANI J A, et al. The influence of cutting parameter on heat generation in high-speed milling Inconel 718 under MQL condition [J]. Journal of Scientific and Industrial Research (JSIR), 2014, 73 (1): 62-65.

[28] 张慧萍, 王尊晶, 刘国梁. 低温微量润滑高速加工 300M 钢刀具磨损研究 [J]. 哈尔滨理工大学学报, 2020, 25 (3): 75-82.

[29] 袁松梅, 刘晓旭, 严鲁涛, 等. 高强钢铣削中微量润滑技术效果的试验分析 [J]. 北京航空航天大学学报, 2009, 35 (2): 179-182.

[30] CORDES S, HÜBNER F, SCHAARSCHMIDT T. Next generation high performance cutting by use of carbon dioxide as cryogenics [J]. Procedia CIRP, 2014, 14: 401-405.

[31] RAHMAN M, KUMAR A S, SALAM M U. Experimental evaluation on the effect of minimal quantities of lubricant in milling [J]. International Journal of Machine Tools and Manufacture, 2002, 42 (5): 539-547.

[32] YAN L T, YUAN S M, LIU Q. Effect of cutting parameters on minimum quantity lubrication machining of high strength steel [J]. Materials Science Forum, 2009, 626: 387-392.

[33] SREEJITH P S, NGOI B K A. Dry machining: Machining of the future [J]. Journal of Materials Processing Technology, 2000, 101 (1-3): 287-291.

[34] DINIZ A E, MICARONI R. Cutting conditions for finish turning process aiming: the use of dry cutting [J]. International Journal of Machine Tools and Manufacture, 2002, 42 (8):

899-904.

[35] DHAR N R, ISLAM M W, ISLAM S, et al. The influence of minimum quantity of lubrication (MQL) on cutting temperature, chip and dimensional accuracy in turning AISI-1040 steel [J]. Journal of Materials Processing Technology, 2006, 171 (1): 93-99.

[36] JOHNSON G R, COOK W H. A constitutive model and data for metals subjected to large strains, high strain rates and high temperature [C]. Hague: [s. n.], 1983: 541-547.

[37] SUN S, BRANDT M, DARGUSCH M S. Characteristics of cutting forces and chip formation in machining of titanium alloys [J]. International Journal of Machine Tools and Manufacture, 2009, 49 (7/8): 561-568.

[38] 杨渝生. 切屑与刀具前刀面摩擦系数的实验研究 [J]. 贵州工业大学学报 (自然科学版), 1984, Z1: 101-109.

[39] 徐进, 李文方, 叶邦彦. 高速切削温度的热氧化法估计 [J]. 五邑大学学报 (自然科学版), 2004, 18: 21-25.

[40] YUAN S, ZHU G, ZHANG C. Modeling of tool blockage condition in cutting tool design for rotary ultrasonic machining of composites [J]. The International Journal of Advanced Manufacturing Technology, 2017, 91 (5-8): 2645-2654.

[41] 张翀. 旋转超声振动加工复合材料的切削机理及工艺技术研究 [D]. 北京: 北京航空航天大学, 2016.

[42] ZHOU M, WANG X J, NGOI B K A, et al. Brittle-ductile transition in the diamond cutting of glasses with the aid of ultrasonic vibration [J]. Journal of Materials Processing Technology, 2002, 121 (2/3): 243-251.

[43] KARPAT Y, BAHTIYAR O, DEĞER B. Mechanistic force modeling for milling of unidirectional carbon fiber reinforced polymer laminates [J]. International Journal of Machine Tools and Manufacture, 2012, 56: 79-93.

[44] WANG D H, RAMULU M, AROLA D. Orthogonal cutting mechanisms of graphite/epoxy composite, Part I: unidirectional laminate [J]. International Journal of Machine Tools and Manufacture, 1995, 35 (12): 1623-1638.

[45] SIEBENALER S P, MELKOTE S N. Prediction of workpiece deformation in a fixture system using the finite element method [J]. International Journal of Machine Tools and Manufacture, 2006, 46 (1): 51-58.

[46] 董辉跃, 柯映林. 铣削加工中薄壁件装夹方案优选的有限元模拟 [J]. 浙江大学学报 (工学版), 2004, 38 (1): 17-21.

[47] 秦国华, 吴竹溪, 张卫红. 薄壁件的装夹变形机理分析与控制技术 [J]. 机械工程学报, 2007, 43 (4): 211-216.

[48] 毕运波, 柯映林, 董辉跃. 航空铝合金薄壁件加工变形有限元仿真与分析 [J]. 浙江大学学报 (工学版), 2008, 42 (3): 397-402.

［49］RAMESH R，MANNAN M A，POO A N. Error compensation in machine tools—a review，part I：geometric，cutting-force-induced and fixture-dependent errors［J］. International Journal of Machine Tools and Manufacture，2000，40（9）：1235-1256.

［50］LAW K M Y，GEDDAM A. Error compensation in the end milling of pockets：a methodology ［J］. Journal of Materials Processing Technology，2003，139（1-3）：21-27.

［51］何永强. 薄壁件数控铣削加工切削力及变形误差分析［D］. 西安：西安工业大学，2008.

［52］余伟. 基于残余应力的航空薄壁件加工变形分析［D］. 南京：南京航空航天大学，2004.

［53］SMITH S，DVORAK D. Tool path strategies for high speed milling aluminum workpieces with thin webs［J］. Mechatronics，1998，8（4）：291-300.

［54］GUO H，ZUO D W，WANG S H，et al. Effect of tool-path on milling accuracy under clamping ［J］. Transactions of NUAA，2005，22（3）：234-239.

［55］吴琼. 航空件中典型结构的加工变形与动态特征研究［D］. 北京：北京航空航天大学，2009.

［56］WAN M，ZHANG W H，QIN G H，et al. Strategies for error prediction and error control in peripheral milling of thin-walled workpiece［J］. International Journal of Machine Tools and Manufacture，2008，48（12/13）：1366-1374.

［57］ELLERMEIER A，TSCHANNERL M. Nicht alle sind spitze-Leistungsvergleich von Tiefblochbohrern zeigt Entiwcklungspotenziale auf［J］. MM Maschinenmarkt，2005，13：44-47.

［58］VDI-RICHTLINIE VDI3220. Gliederung und Begriffsbestimmungen der Fertigungsverfahren［M］. Berlin：Beuth-Verlag，1960.

［59］KLOCKE F，KÖNIG W. Fertigungsverfahren 1-Drehen，Fräsen，Bohren［M］. Berlin：Springer-Verlag，2008.

［60］N N. Untersuchungen zum Bohren und Gewindebohren in Al-Gußlegierungen und hochlegierten Stählen im Trockenschnitt bzw. mit Mindermengenschmierung，Trockenbearbeitung prismatischer Teile，Teilprojekt 2，Forschungsberichte KfK-PFT，Förderungsprogramm Fertigungstechnik des BMFT［R］.［S. l.］：［s. n.］，1996：101-136.

［61］Anon. Reduzierung und Ersatz von Fertigungshilfsstoffen beim Bohren. 4. Zwischenbericht an die Europäische Kommission zum EU-Forschungsprojekt "Umweltgerechte Bohrungsbearbeitung" ［R］.［S. l.］：［s. n.］，1996.

［62］KAMMERMEIER D，BORSCHERT B，KAUPER H. Werkzeuglösungen zum trockenbohren. VDI-Bericht 1339 "Umweltfreundlich Zerspanen"［M］. Düsseldorf：VDI-Verlag，1997：73-85.

［63］ADAMS F J，SCHULTE K. Bohren von Stahl mit unterschiedlichen Kühlschmierstoffkonzepten. In：Weinert，K.（Hrsg.）：Spanende Fertigung［M］. Essen：Vulkan-Verlag，1997：98-109.

［64］WEINERT K，BIERMANN D，SCHROER M，et al. Die Emulsion ist ersetzbar-Neue Kühlschmierstoffkonzepte zur Bohrungsfeinbearbeitung von Aluminium-Gußlegierungen［N］. Aluminium Kurier News，1997-4（10）.

[65] BARTL R. Trockenbearbeitung prismatischer Teile-Stand des Verbundprojektes und nächste Schritte für einen Serieneinsatz. VDI-Bericht 1339 "Umweltfreundlich Zerspanen" [M]. Düsseldorf: VDI-Verlag, 1997: 51-71.

[66] CSELLE T, SCHWENCK M, KÜHN H. Bohren in Stahl und Aluminium-Trocken oder mit Minimalmenge? In VDI Bericht 1375 "Trockenbearbeitung prismatischer Teile" [M]. Düsseldorf: Springer-VDI-Verlag, 1998: 175-193.

[67] KLOCKE F, GERSCHWILER K. Trockenbearbeitung-Grundlagen, Grenzen, Perskpektiven. In VDI-Bericht 1240 "Auf dem Weg zur Trockenbearbeitung-Herausforderung an die Fertigungstechnik" [M]. Düsseldorf: VDI-Verlag, 1996: 1-43.

[68] WEINERT K, BIERMANN D, SCHROER M, et al. Bohrungsfeinbearbeitung von Aluminium-Gußlegierungen-Einsatzmöglichkeiten und Grenzen neuer Kühlschmierstoffkonzepte [J]. VDI-Z, 1997, 139 (1/2): 42-47.

[69] FRITSCH A, PAPAJEWSKI J. Neue Ansätze für Wendeplatten-Vollbohrer [J]. Werkstatt und Betrieb, 1996, 129 (6): 578-582.

[70] NEDEß C, GÜNTHER U. Bohren mit Hartmetallwendeplatten-Werkzeugen [J]. VDI-Z, 1992, 137 (2): 49-58.

[71] Anon. Rotierende ABS-Werkzeuge für Bearbeitungszentren, Transferstraßen und Sondermaschinen [M]. Besigheim: Komet Robert Breuning GmbH Firmenschrift der Fa, 1997.

[72] GSÄNGER D, KRENZER U. Leistungsfähigkeit von Bohrwerkzeugen mit Wendeschneidplatten. VDI-Seminar "Wirtschaftliche spanende Fertigung mit neuen Werkzeugen und Verfahren-HSC und leichtmetallbearbeitung" [M]. Düsseldorf: VDI-Bildungswerk GmbH, 1997.

[73] WEINERT K, SCHULTE K, THAMKE D. Bohren von Stahl mit Wendeschneidplatten-Bohrern-Neue Kühlschmierstoffkonzepte für die umweltverträgliche Stahlbearbeitung [J]. wt-Werkstatttechnik, 1997, 87: 475-478.

[74] KLOCKE F, LUNG D, EISENBLÄTTER G. Einsatzmöglichkeiten der Minimalmengenkühlschmierung. VDI-Bericht 1339 "Umweltfreundlich Zerspanen" [M]. Düsseldorf: VDI-Verlag, 1997: 46-47.

[75] MÜLLER P. HM-Bohrer für die Trockenbearbeitung. VDI-Bericht 1339 "Umweltfreundlich Zerspanen" [M]. Düsseldorf: VDI-Verlag, 1997: 87-97.

[76] DUFLOU J R, SUTHERLAND J W, DORNFELD D, et al. Towards energy and resource efficient manufacturing: A processes and systems approach [J]. CIRP Annals-Manufacturing Technology, 2012, 61 (2): 587-609.

[77] WEINERT K, INASAKI I, SUTHERLAND J W, et al. Dry machining and minimum quantity lubrication [J]. CIRP Annals-Manufacturing Technology, 2004, 53 (2): 511-537.

[78] TAI B L, STEPHENSON D A, FURNESS R J, et al. Minimum quantity lubrication (MQL) in automotive powertrain machining [J]. Procedia CIRP, 2014, 14: 523-528.

[79] HEISEL U, WALLASCHEK J, EISSELER R, et al. Ultrasonic deep hole drilling in electrolytic copper ECu 57 [J]. CIRP Annals-Manufacturing Technology, 2008, 57 (1): 53-56.

[80] RADKOWITSCH W, METZNER K, BLEICHER F. Gerichtetes Einlippen-Tieflochbohren. In: VDI-Berichte Nr. 1897, Tagung Präzisions-und Tiefbohren aktuell [M]. Düsseldorf: VDI-Verlag, 2006: 225-230.

[81] ENDERLE K D. Reduzierung des Mittenverlaufs durch Kühlmittelpulsation beim Einlippentiefbohren [D]. Stuttgart: University of Stuttgart, 1994.

[82] KESSLER N. Thermische mittenverlaufsbeeinflussung beim BTA-Tiefbohren [D]. Dortmund: TU Dortmund University, 2011.

[83] WEINERT K, INASAKI I, SUTHERLAND J W, et al. Dry machining and minimum quantity lubrication [J], CIRP Annals, 2004, 53 (2): 511-537.

[84] ZABEL A, HEILMANN M. Deep hole drilling using tools with small diameters-Process analysis and process design [J]. CIRP Annals, 2012, 61 (1). 111-114.

[85] DENKENA B, HELMECKE P, HÜLSEMEYER L. Energy efficient machining with optimized coolant lubrication flow rates [J]. Procedia CIRP, 2014, 24: 25-31.

[86] NEWMAN S T, NASSEHI A, IMANI-ASRAI R, et al. Energy efficient process planning for CNC machining [J]. CIRP Journal of Manufacturing Science and Technology, 2012, 5 (2): 127-136.

[87] WAKABAYASHI T, SUDA S, INASAKI I, et al. Tribological action and cutting performance of MQL media in machining of aluminum [J]. CIRP Annals-Manufacturing Technology, 2007, 56 (1): 97-100.

[88] KELLY J F, COTTERELL M G. Minimal lubrication machining of aluminium alloys [J]. Journal of Materials Processing Technology, 2002, 120 (1-3): 327-334.

[89] NOUARI M, LIST G, GIROT F, et al. Effect of machining parameters and coating on wear mechanisms in dry drilling of aluminium alloys [J]. International Journal of Machine Tools and Manufacture, 2005, 45 (12): 1436-1442.

[90] NEUGEBAUER R, DROSSEL W G, IHLENFELDT S, et al. Thermal interactions between the process and workpiece [J]. Procedia CIRP, 2012, 4 (5): 63-66.

[91] BIERMANN D, IOVKOV I, BLUM H, et al. Thermal aspects in deep hole drilling of aluminium cast alloy using twist drills and MQL [J]. Procedia CIRP, 2012, 3 (1): 245-250.

[92] BIERMANN D, IOVKOV I. Modeling and simulation of heat input in deep-hole drilling with twist drills and MQL [J]. Procedia CIRP, 2013, 8: 88-93.

[93] DAVIES M A, UEDA T M, SAOUBI R, et al. On the measurement of temperature in material removal processes [J]. CIRP Annals-Manufacturing Technology, 2007, 56 (2): 581-604.

[94] BALAN A S S, KULLARWAR T, VIJAYARAGHAVAN L, et al. Computational fluid dynamics analysis of MQL spray parameters and its influence on superalloy grinding [J]. Ma-

chining Science and Technology, 2017, 21 (4): 603-616.

[95] SADEGHI M H, HADDAD M J, TAWAKOLI T, et al. Minimal quantity lubrication-MQL in grinding of Ti-6Al-4V titanium alloy [J]. International Journal of Advanced Manufacturing Technology, 2009, 44 (5/6): 487-500.

[96] SILVA L R D, BIANCHI E C, FUSSE R Y, et al. Analysis of surface integrity for minimum quantity lubricant—MQL in grinding [J]. International Journal of Machine Tools and Manufacture, 2007, 47 (2): 412-418.

[97] ROWE W B. Principles of modern grinding technology [M]. 2nd ed. Amsterdam: Elsevier, 2014.

[98] HAHN R S. On the mechanics of the grinding process under plunge cut conditions [J]. Journal of Engineering for Industry, 1966, 88 (1): 72-79.

[99] ROWE W B, MORGAN M N, BLACK S C E, et al. A simplified approach to control of thermal damage in grinding [J]. CIRP Annals-Manufacturing Technology, 1996, 45 (1): 299-302.

[100] LI B, LI C, ZHANG Y, et al. Heat transfer performance of MQL grinding with different nanofluids for Ni-based alloys using vegetable oil [J]. Journal of Cleaner Production, 2017, 154: 1-11.

[101] HADAD M, SHARBATI A. Thermal aspects of environmentally friendly-MQL grinding process [J]. Procedia CIRP, 2016, 40: 509-515.

[102] BARCZAK L M. Application of minimum quantity lubrication in grinding [D]. Liverpool: Liverpool John Moores University, 2009.